AF331469

La Révélation

Primitive

DONNÉES ACTUELLES DE LA SCIENCE

R. P. A. LEMONNYER

DES FRÈRES PRÊCHEURS

La Révélation Primitive

ET LES

DONNÉES ACTUELLES DE LA SCIENCE

d'après l'ouvrage allemand

du

R. P. G. SCHMIDT

directeur de l'Anthropos

PARIS

LIBRAIRIE VICTOR LECOFFRE

J. GABALDA, Éditeur

RUE BONAPARTE, 90

1914

AVANT-PROPOS

Ce petit livre est un ouvrage d'apologétique et il l'est ouvertement, ce qui est la façon la plus franche et la meilleure de l'être. C'est aussi, croit-on, un ouvrage de science solide et probe.

C'est un ouvrage d'apologétique. Est-il vrai que les fructueuses recherches et les brillantes découvertes de la préhistoire, de l'anthropologie et de l'ethnologie aient eu pour résultat de nous faire apparaître les plus anciennes phases de l'humanité et de la religion et leur origine même sous un aspect qu'il est impossible de concilier avec les enseignements de la Sainte Écriture sur ce sujet? Est-il vrai que ce que nous pouvons savoir de l'état intellectuel, moral et religieux des premiers hommes rende positivement invraisemblable ce que la Sainte Écriture nous rapporte de la condition dans laquelle le premier couple

a.

humain aurait vécu et des révélations divines dont il aurait bénéficié? Est-il vrai que les plus anciens hommes nous apparaissent même totalement inaptes, à raison du faible développement des éléments vraiment humains de leur structure corporelle et conséquemment de leurs facultés mentales, à recevoir des révélations du genre de celles dont il est question dans les premiers chapitres de la Genèse? Tels sont les problèmes très actuels et du plus haut intérêt apologétique auxquels ce livre est consacré.

D'ordinaire, l'on répond que les plus anciens hommes accessibles à la science ne sont pas les premiers hommes; qu'entre ces plus anciens hommes et les premiers hommes un fait historique, la chute originelle, vient s'intercaler, qui a modifié profondément la condition de l'humanité et le cours ultérieur de ses destinées; que le premier couple humain, avant la chute, bénéficiait de privilèges extra-naturels et de dons surnaturels que la science est incapable d'apprécier; que, par conséquent, l'on ne saurait prétendre se former une idée de la condition et des aptitudes spirituelles des premiers hommes d'après l'état des plus anciens hommes accessibles à la science. Tout cela est très juste et d'une grande portée.

Cependant l'auteur du présent ouvrage n'a pas cru devoir s'en tenir à cette réponse, de caractère plutôt théologique. Il a pensé qu'il était utile, nécessaire même au point de vue apologétique, de contrôler les assertions courantes touchant l'état physique, intellectuel, moral, social et religieux des plus anciens hommes que la science puisse atteindre et de vérifier si cet état était réellement tel que, même à juger d'après lui de l'état initial de l'humanité, les récits de la Genèse puissent être dits impossibles ou même invraisemblables. Cette entreprise apparaîtra d'autant plus nécessaire que certaines assertions prétendûment scientifiques, par exemple celle qui a trait à l'état corporel des anciens hommes, ou au caractère infra-humain de leur activité mentale, ou à l'évolution religieuse régulièrement ascendante de l'humanité à partir d'un état initial areligieux ou infra-religieux, si elles s'avéraient fondées, auraient, pour la crédibilité des premiers chapitres de la Genèse, des conséquences que l'appel au péché originel ne suffirait point à écarter.

Cette tâche l'auteur du présent travail était qualifié pour l'entreprendre. En même temps qu'un ouvrage d'apologétique, son livre est un ouvrage de science solide et probe. Le R. P. W. Schmidt, de la société des missionnaires de Steyl (Hollande), est professeur d'ethnologie au florissant Institut que possède sa congrégation à Moedling, près de Vienne (Autriche). Son œuvre scientifique est considérable déjà et son autorité scientifique solidement établie, principalement dans le domaine des recherches linguistiques et ethnologiques. Ses études sur les peuples Mon-Kmer et sur leur langue l'ont conduit à des conclusions que des savants compétents mettent au rang des trois ou quatre découvertes linguistiques les plus importantes du XIXe siècle. Ses travaux sur les Pygmées étaient tout récemment encore hautement loués par un anthropologiste et un ethnologue dont les jugements font autorité, A. C. Haddon. Il a grandement contribué par ses recherches sur l'ethnographie australienne, sur les mythologies et les religions austronésiennes, à débrouiller des sujets obscurs et compliqués. Enfin ses études théoriques sur la méthode en ethnologie lui ont valu d'être compté avec Graebner, Ankermann, W. Foy, parmi les fondateurs de l'ethnologie historique et de la théorie des cycles culturels. Fondateur et directeur de la Revue internationale de linguistique et d'ethnologie, *Anthropos*, membre très actif de la Société d'anthropologie et membre correspondant de l'Académie des sciences de Vienne, membre honoraire de l'Institut royal d'Anthropologie de Grande-Bretagne et d'Irlande, le R. P. W. Schmidt possède, tout jeune encore, le nom et l'autorité d'un véritable savant.

Tout dans ce volume est son œuvre sauf les notes signées T., qui sont du traducteur, mais que celui-ci lui a soumises et qu'il a agréées. Il a d'ailleurs révisé la traduction elle-même.

« Puisse ce travail, écrivait le R. P. Schmidt, dans l'Avant-Propos de l'édition allemande, contribuer à affermir et à renouveler, dans les âmes religieuses, la conviction qu'à ses premiers commencements, le genre humain n'a pas eu à s'élever péniblement et sans que nulle main secourable lui fût tendue, du sein d'un total abandon. Dès le début, la chaude lumière d'une véritable révélation divine l'a enveloppé et comme pénétré. Aussi les destinées de l'humanité n'ont-elles pas eu besoin d'un lent et long développement pour acquérir une réelle signification et une importance véritable. Les premiers événements qui les ont inaugurées ont eu une influence profonde sur toute la suite de l'histoire humaine. A la vérité ces événements consistèrent tout d'abord en une faute très grave. Mais cette faute fut suivie d'une miséricordieuse promesse. Si bien que la sainte Église dans l'*Exultet* du Samedi-Saint ne craint pas de chanter le « certe necessarium Adae peccatum » et cette « felix culpa, quae talem et tantum meruit habere Redemptorem ».

A. LEMONNYER, O. P.

Le Saulchoir, Kain, le 7 octobre 1913.

INTRODUCTION

L'histoire de la révélation surnaturelle faite aux hommes par Dieu, commence avec les tout premiers pas de la jeune humanité.

La révélation surnaturelle, qu'est-ce autre chose que l'amour et la sollicitude de Dieu pour les hommes, débordant au dehors et se répandant sur eux? Il semble que Dieu, dans l'excès de son amour, n'ait pu se contenir. Il semble qu'il n'ait pu soutenir l'idée que l'humanité, créée par lui, demeurât, ne fût-ce qu'un peu de temps, sans la lumière radieuse et la bienfaisante chaleur de la révélation surnaturelle. Et dans le Paradis même, se leva la brillante et joyeuse lumière d'un beau jour, dont l'éclat était destiné à croître. Plus tard, lorsque du fait de l'homme et par son péché, cette lumière s'obscurcit, au ciel devenu sombre un rougeoiement persista, pareil à celui dont s'empourpre le couchant, tout plein de tristes ressouvenirs. Ce rougeoiement allait, à la vérité, s'enfonçant en de mélancoliques lointains, à mesure que l'humanité s'avançait sur la route où elle s'était engagée.

Mais Dieu ne se laisse pas détourner du dessein de révélation surnaturelle qu'il a formé dès l'origine. Tout au contraire, élargissant encore son plan, il entreprend de le réaliser avec plus de magnificence. Il cache tout d'abord la lumière de sa révélation dans le sein d'un peuple choisi. Il l'y fait briller d'un éclat de plus en plus pur. Sur les peuples qui grandissent, il fait rejaillir l'éclat de cette lumière cachée, pareille aux premières clartés du jour qui se lève. Et puis c'est le grand jour. Le soleil de vérité et de grâce, le Fils de Dieu en personne, sort joyeux, tel un fiancé, de la tente nuptiale, dans tout l'éclat de sa beauté. Comme un héros, il s'avance pour fournir sa course, du levant aux extrémités du couchant, et ses rayons portent partout lumière et chaleur (*Ps.* XVIII, 5-7).

Nous avons le devoir d'étudier en détail la réalisation de ce plan surnaturel et divin de salut. La tâche nous incombe de résoudre et de réduire à néant les objections des adversaires et d'exposer le riche contenu de ce plan. Sans doute, l'apologie du Christianisme a pour mission spéciale de légitimer et d'exposer la plus haute de toutes les révélations, celle qui nous a été communiquée par le Christ, Fils de Dieu. Cependant elle ne peut se soustraire à l'obligation de remonter jusqu'aux premiers commencements de la révélation surnaturelle. Le Christianisme, revendiquant une catholicité qui embrasse le monde entier, se prétend destiné à tous les peuples de la terre. Il doit donc être en état d'établir la réalité des liens internes et extérieurs qui le rattachent à ces temps tout à fait primitifs, desquels tous les peuples du globe tirent leur première origine. Le Christianisme se donne comme une religion de rédemption pour tous les peuples. Comment pourrait-il leur parler de cette rédemption, s'il est incapable de remonter jusqu'aux temps qui virent cette première et lamentable chute, à laquelle tous les peuples ont part.

Ce sont ces premiers temps de l'humanité qui forment le sujet du présent travail. L'on s'est proposé d'y étudier les premiers rayons de la révélation surnaturelle, c'est-à-dire ce qu'on a coutume d'appeler la révélation primitive, son obscurcissement, qui fut la conséquence de la chute, ses destinées ultérieures. Le chapitre premier sera consacré à une analyse détaillée de la nature intime, du contenu et de l'étendue de cette révélation primitive, d'après les sources inspirées. Dans le chapitre deuxième, l'on établira, en se basant sur les résultats des recherches scientifiques, l'indiscutable aptitude corporelle et spirituelle des êtres que la préhistoire, l'anthropologie et l'ethnologie nous présentent comme les types les plus anciens d'humanité que nous connaissions, à recevoir la révélation primitive, si élevée qu'on la veuille supposer. Il y a plus; nous trouvons dans les données que nous fournissent diverses sciences, de nombreuses confirmations de la réalité historique de cette révélation. Nous le montrerons dans le chapitre troisième. Le chapitre quatrième et dernier étudiera les destinées de la révélation primitive postérieurement à la chute, lorsque les hommes se séparèrent et se répandirent sur la surface de la terre.

LA
RÉVÉLATION PRIMITIVE

ET

LES DONNÉES ACTUELLES DE LA SCIENCE

CHAPITRE PREMIER

NATURE, CONTENU,
ÉTENDUE DE LA RÉVÉLATION PRIMITIVE.

I

NATURE DE LA RÉVÉLATION PRIMITIVE.

On peut concevoir une évolution de l'humanité suivant laquelle l'homme serait parvenu, par l'exercice de ses facultés naturelles, à la connaissance de Dieu. Toujours par ses propres forces, il serait entré avec Dieu en des relations conformes à cette connaissance qu'il en avait acquise. En d'autres termes, il se serait soumis aux devoirs d'obéissance, d'amour et d'adoration fondés sur cette connaissance naturelle de Dieu. Et ainsi il se serait fait à soi-même une religion qui, en toute rigueur, aurait mérité d'être appelée naturelle. Cette religion se serait développée à raison même de l'activité propre à l'homme. Sous l'action de ce besoin de Dieu, que la nature a déposé au plus profond du cœur humain, elle se serait élevée toujours plus haut. Elle aurait préparé par degrés l'humanité, et finalement l'aurait rendue apte à recevoir le don inestimable d'une révélation surnaturelle, que la libéralité divine lui aurait alors octroyée. Très noble rameau, greffé sur un arbre lui-même précieux et en plein développement, cette révélation aurait donné naissance, puis croissance, à la religion proprement surnaturelle. L'Église catholique a toujours reconnu la possibilité radicale d'une telle évolution religieuse. Ne professe-t-elle pas, en effet, que, à prendre les choses en soi, l'intelligence humaine est capable de connaître, par ses propres forces, l'existence de Dieu, et que, par ses propres forces encore, la volonté humaine est capable d'accomplir la loi morale?

En fait, la marche de l'évolution humaine

n'a pas été celle dont la possibilité vient d'être exposée. Et, en écrivant ceci, nous ne pensons pas seulement à la perturbation profonde que la chute et ses conséquences ont introduite. C'est un point de doctrine, fondé sur la Sainte Écriture, sur l'enseignement des Pères et sur de nombreuses et formelles décisions de l'Église, que nul catholique, par suite, ne saurait rejeter, que le premier couple humain ne se trouvait déjà plus dans un état purement naturel. Il avait été gratifié, par don surnaturel, de la qualité d'enfant de Dieu. Une fin surnaturelle, la vision immédiate de Dieu, lui avait été assignée. Du fait de ces libéralités divines, il se trouvait établi dans des relations avec Dieu, que nous devons qualifier de religion surnaturelle. Si ce n'est pas une doctrine de l'Église obligatoire au même degré que la précédente, c'est cependant l'enseignement commun des théologiens depuis saint Thomas d'Aquin que, dans cette religion surnaturelle, l'intelligence et la volonté du premier couple humain jouaient un rôle actif, en ceci, particulièrement, qu'elles accueillaient, avec une foi soumise, des vérités qu'elles n'avaient point acquises d'elles-mêmes, mais qui leur avaient été surnaturellement révélées par Dieu.

L'on doit donc tenir pour une vérité certaine, que le premier couple humain a reçu des révélations surnaturelles et pratiqué une religion surnaturelle. Il n'y a pas lieu d'être tout à fait aussi catégorique en ce qui concerne la question de savoir s'il n'aurait pas existé, dans la vie du premier couple humain, une période de préparation à la vie surnaturelle, durant laquelle, n'ayant encore reçu aucune révélation surnaturelle, il aurait eu à se préparer aux dons surnaturels, par la pratique fidèle d'une religion naturelle. Sur ce point, la Sainte Écriture est muette. La plupart des représentants de l'École franciscaine au moyen âge, en particulier Pierre Lombard (Hugues de Saint-Victor), Alexandre de Halès, Duns Scot et, parmi les dominicains, Albert le Grand, penchent vers l'affirmative. Saint Thomas d'Aquin, au contraire, tout en reconnaissant que c'était là, de son temps, l'opinion dominante (*sententia communior*), se prononça pour le sentiment opposé, qui devint dès lors l'opinion commune (*sententia communis*). Cependant le concile de Trente, lorsqu'il rencontra cette question, évita positivement de la trancher. Au mot *creatus*, créé (*Adamum amisisse justitiam, in quâ creatus fuerat*, c'est-à-dire Adam perdit la justice (surnaturelle) dans laquelle il avait été créé), qui eût préjugé la solution de cette question dans le sens de saint Thomas d'Aquin, il substitua le terme plus général *constitutus*, établi.

Nous disions donc que l'état surnaturel dans lequel le premier couple humain avait été établi, comportait la foi à des vérités surnaturellement révélées. On a souvent prétendu que cette intervention de la révélation surnaturelle, dès le début, dans l'évolution de l'humanité, supprimait la possibilité même, pour cette évolution, de se produire selon ses exigences propres, et donc qu'entre cette révélation surnaturelle et l'âme humaine non encore développée, nulle liaison organique n'existait. C'est là une vue superficielle, rationaliste, des choses et tout juste le contraire de la vérité. C'est précisément parce qu'il fallait que le surnaturel entrât avec la nature humaine dans la plus intime et la plus vitale liaison possible, que le bon grain de la révélation surnaturelle fut jeté sans retard dans le sol encore vierge de l'évolution humaine. La simultanéité même de leur développement progressif, parmi d'incessantes actions et réactions mutuelles, assurerait leur parfaite unité. Si la révélation divine ne s'était produite dès l'origine, l'une des plus nobles activités de l'homme par rapport à Dieu, c'est-à-dire ce don confiant de son esprit, qui est l'essence même de la foi et le fondement même de toute la vie religieuse, se serait trouvé impossible.

Cependant, c'est une grossière erreur de croire que la révélation surnaturelle ne s'est nullement préoccupée d'assurer sa propre liaison organique avec l'évolution humaine à ses premiers débuts. Elle l'a réalisée, au contraire, en se soumettant elle-même à la loi du développement progressif. Elle ne s'est pas répandue dès le début dans toute sa plénitude. Mais, se dosant elle-même et se fractionnant, elle n'a communiqué au premier couple humain que juste la quantité de vérités qui convenait, si l'on peut dire, au degré où il était parvenu de son évolution naturelle. Imposant elle-même des bornes à son action, elle alla, dans cette voie de l'adaptation, jusqu'à s'astreindre à communiquer des vérités que les hommes auraient pu découvrir par leurs propres forces. Mais ces vérités, grâce au secours que leur apportait la révélation, ils se trouvèrent en état de les comprendre avec une plus grande facilité et une clarté plus parfaite, et de se les assimiler de façon plus stable et plus intime. C'est justement l'une des plus remarquables caractéristiques de cette première révélation, de cette révélation primitive, qu'en elle le naturel se mêle si étroitement au surnaturel, qu'il est souvent difficile de démêler dans le détail ce qui appartient à la nature et ce qui revient à la grâce. Nous ne tarderons guère à en faire l'expérience, quand nous aborderons l'étude des documents qui nous renseignent sur la révélation primitive.

II

LES RÉVÉLATIONS DU PREMIER CHAPITRE DE LA GENÈSE.

Le récit de la création du monde, que nous lisons au premier chapitre de la Genèse (versets 1-28), mérite-t-il le nom de révélation primitive, au sens propre et plénier de ce mot? C'est-à-dire Dieu a-t-il révélé à nos premiers parents, dans la forme même où elle nous est racontée au premier chapitre de la Genèse, la création du monde par sa toute-puissance? C'est là une question à laquelle il est impossible de faire une réponse certaine. Que le premier homme ait été instruit par Dieu, sous une forme ou sous une autre, de cette vérité fondamentale, la nature des choses l'exige et nous le devons tenir pratiquement pour certain. Il est permis de se demander, par contre, si le récit de la création qui se lit au chapitre premier de la Genèse, doit être regardé comme l'exacte et authentique traduction de cet enseignement.

Relativement à cette question, les exégètes catholiques se divisent en deux groupes opposés, les uns y faisant une réponse affirmative, les autres une réponse négative ou la déclarant insoluble.

Le premier groupe se divise à son tour en deux. Au dire de certains, le premier homme aurait été instruit de cette vérité par une révélation de caractère proprement intellectuel. D'autres pensent, au contraire, que le premier homme a contemplé le grand œuvre de la création dans une vision en sept tableaux, entre lesquels Dieu lui-même avait distribué son prodigieux ouvrage. L'enseignement ainsi communiqué se serait profondément gravé dans la mémoire de nos premiers parents, qui l'auraient transmis à leur postérité. Plus tard, il aurait été mis par écrit et l'auteur inspiré l'aurait placé à la première page de son livre.

Le second groupe se divise, lui aussi, en deux. Certains exégètes catholiques admettent bien que l'enseignement communiqué au premier homme touchant la création s'est transmis par tradition et que, mis dans la suite par écrit, il a été utilisé par l'auteur inspiré de la Genèse. Mais cet enseignement avait-il, dès l'origine, la forme que nous lui voyons présentement? Ou bien cette forme, et spécialement l'ordre dans lequel les œuvres de la création se succèdent et leur répartition sur six jours doivent-ils être attribués à l'auteur inspiré de la Genèse? Ce sont là, à leur avis, des questions qui n'admettent pas de réponse certaine. Le plus grand nombre d'entre eux inclinent même vers la seconde alternative. D'autres enfin vont plus loin. Ou bien ils déclarent ne pas savoir si l'enseigne-

1.

ment communiqué à nos premiers parents est effectivement parvenu jusqu'à l'auteur inspiré de la Genèse ; ou bien même ils le nient positivement. C'est à cet auteur lui-même, surnaturellement éclairé par Dieu, que nous serions redevables du récit de la création par lequel s'ouvre le livre de la Genèse. C'est sa propre profession de foi en un Dieu personnel, transcendant au monde et créateur, formulée en des termes empruntés à la science de son temps et pour certains détails à des mythes connus de tous, et pas autre chose, que contiendrait le premier chapitre de la Genèse.

La diversité même de ces opinions, qui, au sein des groupes qui les professent, revêtent, selon les personnes, de nouvelles et différentes modalités, montre assez qu'il est chimérique de vouloir donner au problème dont il s'agit, une solution certaine. Un point cependant très assuré et bien près d'être certain, c'est qu'il convient de rejeter la quatrième opinion, pour autant qu'elle nie positivement l'utilisation de toute tradition ancienne par l'auteur du premier chapitre de la Genèse et qu'elle voit uniquement dans ce récit l'expression de la foi personnelle de l'auteur, ou tout au plus de la foi de ses contemporains. Dès le second chapitre de la Genèse, comme nous le montrerons plus loin, nous avons, des premiers temps de l'humanité, un récit de caractère et d'intention historiques et basé sur des documents primitifs, récit qui se poursuit, avec le même caractère, à travers le livre entier. Ne fût-ce que pour ce motif, il serait bien étonnant que seul le premier chapitre eût un caractère littéraire tout différent. D'autant plus étonnant, qu'il existe manifestement, entre le premier et le second récit de la création, une étroite connexion. Cette connexion se manifeste tout particulièrement par le retour perpétuel, à travers le premier récit, de la formule : « Et Dieu vit que c'était bon ». Il y a dans cette affirmation réitérée de la parfaite bonté originelle de la création, une insistance que l'on ne s'expliquerait guère, si l'auteur du premier récit de la création n'avait eu présent à l'esprit, en le rédigeant, le second récit où il aurait à raconter la détérioration de la nature entière, résultat d'un événement historique, à savoir de la chute originelle.

Des trois opinions qui restent, c'est la troisième qui compte le plus grand nombre de représentants. En sa faveur, il convient de faire valoir, à tout le moins, l'impossibilité dans laquelle se trouvent les partisans des deux premières opinions de découvrir dans l'Écriture elle-même la moindre déclaration d'où l'on puisse conclure que le récit de la création, tel que nous le possédons, a été révélé au premier homme et donc qu'il constitue une révélation primitive, au sens propre et plénier de ce mot.

Les choses étant telles, l'étude détaillée de ce récit ne semble pas s'imposer ici. Sa place est marquée bien plutôt dans un travail sur l'Ancien Testament dans son ensemble, ou encore dans un livre traitant de façon spéciale des rapports de la Bible avec les sciences naturelles.

Il résulte de tout ceci que nous sommes hors d'état de déterminer avec précision et de façon certaine, jusqu'où s'étendait la révélation que Dieu fit au premier homme sur la création. Cependant les vérités, dont la communication à l'homme ne saurait faire de doute pour qui lit le premier chapitre de la Genèse, sont si nombreuses et si importantes, que, par leur réunion, elles devaient déjà projeter sur cette partie de l'activité divine une brillante lumière.

Il est impossible que le trait si caractéristique de Dieu s'apprêtant à faire l'homme à son image et ressemblance (*Genèse*, 1, 26) soit demeuré ignoré du premier homme. Et si l'homme, créé à l'image de Dieu, est un être personnel, il faut de toute nécessité que Dieu, son modèle, en soit un aussi. Or c'est là une notion importante, fondamentale, extrêmement féconde et qui mettait l'esprit humain sur la voie de conclusions immédiates qu'il ne pouvait guère ne pas tirer.

A la fin du premier récit de la création (*Genèse*, 1, 28 s.), Dieu s'adresse à l'homme en termes exprès. Il se manifeste à lui comme son Seigneur et Maître, en lui donnant des ordres. Il se révèle aussi comme Seigneur et Maître du monde tout entier, en le soumettant à l'homme pour qu'il en use et pour qu'il le domine. Or, quel autre titre Dieu pourrait-il fournir de cette universelle souveraineté que celui d'avoir fait, d'avoir créé tous les êtres?

Notre récit affirme si souvent la bonté, la

perfection originelles de la divine création, qu'il est impossible que, dans sa forme primitive elle-même, il n'ait pas contenu ce trait. Aussi bien l'expérience que les premiers hommes firent en eux-mêmes, après la chute, de la détériorisation de la nature entière, ne pouvait manquer de confirmer et d'aviver en eux le souvenir de sa première bonté.

A qui la considère attentivement, la première révélation faite à l'homme par Dieu en termes exprès fait l'impression de former la conclusion du premier récit de la création et d'en être le couronnement. Nous l'avons déjà remarqué.

Elle ne représente pas les premières paroles de Dieu, absolument, qui nous soient rapportées. Mais les paroles antérieurement prononcées visent des êtres privés de vie et d'intelligence, à qui l'on ne peut, au sens propre, adresser la parole, et qui figurent uniquement l'objet, le contenu des paroles ou des ordres. Ainsi en est-il des commandements créateurs : Que la lumière soit! Que la terre produise du gazon et des herbes! etc. Dieu y parle des créatures à la troisième personne et elles accomplissent ses ordres, silencieuses et inconscientes (1). A l'homme le premier, lorsqu'il a été créé, Dieu adresse vraiment la parole, assuré qu'il est d'être compris de cet être qu'il a fait à son image et ressemblance et avec lequel il peut donc, jusqu'à un certain point, entrer en conversation.

La première révélation directe, qui fut faite à l'homme par Dieu, fut pour lui concéder la domination sur la terre entière et sur tous les êtres qui la remplissent : « Soyez féconds, multipliez-vous, remplissez la terre et vous la soumettez et dominez sur les poissons de la

(1) Dans le récit relatif à la création des animaux aquatiques nous avons, à la vérité, des paroles de Dieu en forme de discours direct : « Crescite et multiplicamini et replete aquas maris : Soyez féconds et multipliez-vous, et remplissez les eaux de la mer » (Gen., i, 22). On pourrait être tenté d'assimiler ce discours direct, à la deuxième personne, au : « Crescite et multiplicamini et replete terram : Soyez féconds et multipliez-vous, et remplissez la terre », de Gen., i, 28, discours qui pourrait sembler s'adresser aux animaux terrestres créés au verset 24 et qui ne reçoivent pas alors l'ordre exprès de se multiplier. Mais cette application de Genèse, i, 28, est impossible, attendu que le verset en question poursuit en ces termes : « Et dominamini... universis animantibus quae moventur super terram : et dominez... sur tous les animaux qui se meuvent sur la terre ». Il est donc clair que l'emploi de la seconde personne dans le discours du verset 28 ne se motive que parce qu'il se réfère à l'homme. Les animaux terrestres n'y sont nullement visés. Il se pourrait donc qu'à l'origine la troisième personne ait été employée à l'égard des animaux aquatiques au verset 22, comme elle l'est encore à présent (verset 22) par rapport aux oiseaux : « Avesque multiplicantur super terram : Que les oiseaux se multiplient sur la terre. »

mer, sur les oiseaux du ciel et sur tous les animaux qui se meuvent sur la terre. » Cette domination ne devait pas être concédée dans toute sa plénitude à l'individu isolé qu'était le premier homme. Mais, de même que la nature humaine avait été, dès le principe, créée en deux personnes, homme et femme, coordonnées et formant couple, de même, avant de lui conférer cette domination, comme condition préalable et comme moyen d'en prendre possession de plus en plus parfaitement, Dieu formule cette loi : « Soyez féconds, multipliez-vous, remplissez la terre. » C'était dire : « Plus vous deviendrez nombreux, plus vous vous étendrez, et plus vous serez à même d'exercer en fait, sur la terre entière et sur tous les êtres vivants, cette domination dont je vous accorde aujourd'hui le droit plénier. » Et par ces paroles, c'était aussi le devoir du progrès incessant qui était proclamé. C'était le fondement d'une évolution au sens propre, d'une évolution active de l'humanité, qui se trouvait posé.

III

LES RÉVÉLATIONS DU SECOND CHAPITRE DE LA GENÈSE.

A. — *Fondation de la famille.*

La première révélation faite par Dieu à l'homme, la moins étendue aussi, qui lui fit connaître la noble souveraineté dont il était investi, s'accomplit par des paroles expresses. C'est, au contraire, par des actes symboliques et donc comportant une signification, plutôt que par des paroles, que s'effectua la révélation plus étendue et plus précise que nous rencontrons dans le second chapitre de la Genèse.

Au premier chapitre de la Genèse, il est raconté, mais sans aucun détail, que Dieu, lorsqu'il créa l'homme, fit un couple humain, homme et femme, et qu'il leur octroya à tous les deux la domination sur tous les autres êtres, et en particulier sur les animaux. C'était affirmer par là même :

1° Que l'homme et la femme étaient l'un et l'autre supérieurs aux animaux; 2° qu'ils possédaient tous les deux la même nature et une dignité pareille. C'était leur signifier qu'ils l'emportaient en excellence et en pouvoir sur tous les autres êtres vivants; c'était leur imposer l'amour et l'estime mutuels.

Mais, tandis que le premier chapitre de la Genèse met surtout en lumière la première de ces vérités, la révélation contenue dans le second chapitre introduit plus spécialement, et de façon concrète, imagée, dans l'intelligence de la seconde. Dieu s'y attache à rendre sensible à l'homme que la femme est son égale en tout l'essentiel, qu'elle est pour lui « l'aide qui lui est semblable », qu'elle lui est nécessaire pour l'accomplissement de sa mission et que, pour tous ces motifs, « il n'est pas bon » qu'il demeure seul.

Pour atteindre ce résultat, Dieu conduit tout d'abord en présence d'Adam, afin qu'il leur donne des noms, tous les animaux qu'il a créés. Adam leur donne des noms à tous; mais il ne trouve parmi eux nul aide de nature pareille à la sienne.

Sous cette forme, dont la simplicité naïve et presque enfantine recouvre une profondeur de pensée qui n'a pas été surpassée, c'est la

genèse du langage qui nous est racontée.
« Dieu conduisit les animaux à Adam pour
qu'il leur donnât des noms » : c'est dire, en
un audacieux et naïf raccourci, que Dieu dis-
posa toutes choses pour qu'Adam, au cours de
ses promenades émerveillées à travers la
beauté encore vierge de la nature inviolée,
apprît à connaître peu à peu les animaux qui
y mettaient le mouvement et la vie. Et chaque
fois que ses yeux tout neufs apercevaient un
animal qu'il n'avait pas encore vu, et que,
prompte comme l'éclair, sa brillante intelligence percevait les caractères propres et les
aptitudes spéciales de cet animal, une admiration sans cesse renouvelée déliait sa langue.
De ses lèvres partait un cri de joyeux émer-
veillement, qui, toujours nouveau et toujours
caractéristique, traduisait ce qui lui paraissait
être la marque distinctive de chaque créature.
C'est ainsi que le premier homme, avec une
spontanéité parfaite et qui excluait toute pré-
méditation, se créait à soi-même un langage,
en vue duquel Dieu l'avait pourvu de tout ce
qui était requis, à savoir la connaissance intellectuelle et un organe corporel approprié.

Mais si riche et si varié que fût ce qui pas-

sait ainsi sous les yeux d'Adam en file dis-
parate d'images incessamment renouvelées,
nul être semblable à lui ne s'y rencontrait en
fin de compte qui, capable de sentir comme il
sentait lui-même et d'être un aide pour lui,
pût tenir à ses côtés le rôle de compagnon.
Adam le reconnut, non seulement au sentiment
intime qu'il avait de son absolue supériorité
sur tous ces êtres, mais encore à ceci que
nulle réponse intelligible ne lui venait, pareille
à l'écho qui réjouit le cœur, lorsque lui-même
poussait vers eux l'exclamation joyeuse qui,
en leur donnant un nom, les appelait aussi.
Ou bien l'on eût dit qu'ils étaient sourds, ou
bien leurs cris lui demeuraient inintelligibles.
Aussi, s'il était resté seul, l'homme se fût-il
trouvé incapable de garder vivante sa récente
création et de la développer. Mais lorsque ensuite lui fut amenée la compagne qui lui était
réellement semblable, ce fut, jaillissant du plus
intime de lui-même, l'intuition instantanée et
certaine qu'elle était « chair de sa chair, os de
ses os », et donc qu'elle lui était semblable, à
lui l'homme. Et de ses lèvres le mot jaillit qui
disait tout cela : *ichchâ,* c'est-à-dire celle qui
est semblable à l'homme (*ich*) et qui ne diffère

de lui que par le sexe. Cette compagne, sans nul doute, répondit à son appel par un mot où l'intelligence se révélait. Ce mot, la Sainte Écriture ne nous l'a pas rapporté. Elle a pensé que nous le devinerions bien tout seuls.

C'est par cette voie, uniquement, des paroles échangées que le langage pouvait vraiment se développer. C'est par cette voie aussi que la vie spirituelle de l'homme, pour laquelle la société constitue le milieu indispensable à son développement, pouvait réaliser les progrès dont elle est susceptible.

L'identité de nature entre l'homme et la femme fut révélée à l'homme par une autre voie encore. Tandis qu'il appelle de toute l'ardeur de son désir cet aide semblable à lui, que le monde animal n'avait pu lui offrir, Adam tombe dans un sommeil profond (*tardemah* = sommeil extatique). Dans cet état, Dieu lui enlève une côte, dont il forme un être qu'il lui présente à son réveil. A sa vue, Adam pousse un cri de joie : « La voilà donc, enfin, l'aide pareille à moi, que je cherchais ! »

Les exégètes catholiques, en général, ne se montrent pas disposés à traiter cette scène comme un pur symbole, dépourvu de toute

espèce de réalité, simple fiction poétique destinée à traduire, en langage symbolique, une
vérité qui serait l'égalité des deux sexes. Mais
on peut considérer comme constituant une position intermédiaire entre réalité pure et pur
symbole, l'opinion des exégètes, pour qui cette
scène « est une action d'ordre symbolique,
perçue dans une vision, et destinée à former
le couronnement de l'instruction du premier
homme (1) ».

Il convient, en tout cas, d'insister sur ce que
l'unique but de cette scène était de produire
dans l'homme la conviction que nous l'entendons exprimer en ces termes : « Celle-ci est os
de mes os et chair de ma chair. » Mais l'union
du premier couple humain ne devait pas être
purement charnelle, pas plus que la ressemblance entre l'homme et la femme ne se bor-
nait à la seule forme du corps. Il en résulte
que ni ces paroles, ni cette scène elle-même
ne traduisaient adéquatement l'identité de nature existant entre les deux sexes, mais seulement ce que les sens en pouvaient percevoir.
Et puisque leur ressemblance principale, qui

(1) HOBERG, *Genesis nach dem Literalsinn erklärt*, II, Freiburg
i. Br., 1899, p. 36.

était la spirituelle, ne leur fut révélée par le
moyen d'aucune scène réelle, l'on ne voit pas
pourquoi, quand il s'agissait d'exprimer leur
ressemblance extérieure, une simple vision, en
soi, n'eût pas suffi. N'était-ce pas le moyen le
plus approprié pour traduire justement ce qui
paraît aux sens ? Et quelle nécessité y avait-il
qu'à cette scène symbolique répondît, en dehors de la vision elle-même, une réalité proprement dite ? Nous aurons toutefois à revenir
sur cette question que ces considérations ne
peuvent trancher.

Certains exégètes, à la vérité, surtout parmi
les non-catholiques, assurent qu'en cet endroit, la Bible n'aurait en vue que l'union proprement sexuelle de l'homme et de la femme,
la propagation de l'espèce humaine à laquelle
cette union est ordonnée et cette ressemblance
de nature, uniquement, qu'elle exige entre
eux. Lorsque Adam eut observé les animaux,
lorsqu'il eut constaté qu'ils vivaient par couples et qu'ils devaient à cette particularité de
pouvoir se multiplier, le désir très vif lui serait
venu de posséder lui aussi une aide du même
genre. L'Écriture, assurément, dans cet endroit où elle traite du rapport des deux sexes

entre eux, entend n'exclure ni l'aspect physique de ce rapport, ni la propagation de l'espèce humaine à laquelle il est ordonné. Il ne s'agit donc que de préciser la manière dont elle procède en tout ceci.

Et c'est ici qu'apparaissent une fois de plus toute la délicatesse de touche et toute la profondeur de pensée dont la Sainte Écriture fait preuve dans sa façon de traiter ce mystère. Elle met tout d'abord en lumière l'aspect spirituel des rapports existant entre l'homme et la femme. De toutes manières, elle s'applique à lui donner une base solide. Et c'est seulement lorsque nos premiers parents sont pleinement entrés dans cette pensée, qu'elle leur fait connaître l'objet corporel de leur union, symbole lui-même, pour une part, et expression de leur union spirituelle.

C'est ainsi qu'elle déclare tout d'abord qu'Adam a besoin d'un aide (*'éser*) qui lui soit proportionné (*kenegdô*), qu'il n'est pas bon que l'homme reste seul. Cette façon de parler, sans rien préciser, montre bien que l'Écriture pense plutôt aux relations de la vie en société, au commerce de sentiments et de pensées, qu'à l'union corporelle des sexes. Or ce sont ces paroles, dont nous venons de préciser la portée, qui, jusqu'à un certain point, servent d'épigraphe à l'histoire entière de la création d'Ève. Lorsque, plus tard, les animaux sont amenés en présence d'Adam, pas un mot n'est prononcé qui permette de penser qu'il les voit groupés par couples. Et si l'on admet qu'il n'apprit à connaître les animaux qu'au fur et à mesure des rencontres, il est tout à fait impossible de supposer qu'il les ait toujours aperçus par couples, ou, à plus forte raison, dans le temps même qu'ils s'accouplaient, puisque aussi bien ils ne le font que dans une saison déterminée. Quant à prétendre que Dieu pouvait avoir inspiré à Adam de rechercher avant toute autre chose, ne fût-ce que par la simple pensée, s'il ne lui serait pas possible de pourvoir, avec le concours de l'un quelconque des animaux qu'il voyait, à la propagation de sa propre espèce, c'est tout bonnement une extravagance. En revanche, la possibilité de nouer avec eux certaines relations de vie commune n'était nullement exclue d'avance. Le dessein de Dieu, au contraire, était précisément qu'Adam fût amené à se rendre compte par lui-même qu'entre ces animaux et lui nulle communauté de vie n'était possible. Cette expérience devait avoir pour effet d'accroître d'autant son désir de trouver une compagne qui lui convienne, et, lorsqu'il l'aurait enfin trouvée, de lui faire pleinement apprécier cette dignité de nature, qui l'élevait bien au-dessus de tous les animaux et qui la faisait son égale. Tel était le but propre et principal de toute cette scène, comme le montre explicitement la constatation négative à laquelle nous voyons aboutir l'examen des animaux : « Mais pour Adam, il ne se trouva rien qui lui pût convenir comme aide. » Et tout de suite après, Ève paraît, sa vraie compagne. Tout au plus pourrait-on admettre qu'Adam ayant occasionnellement rencontré des animaux en couples, le vif désir, qu'il avait déjà et pour d'autres motifs, de trouver une compagne, en fut encore accru.

Que la présentation des animaux à Adam fût vraiment destinée, dans la pensée de Dieu, à faire la lumière sur le point de savoir si une intime communauté de vie avec eux était ou n'était pas possible pour lui, c'est ce que prouve le fait même de l'apparition du langage, cet instrument par excellence de tout commerce spirituel, qui se trouve si étroitement rattaché à cette présentation. Le fait aussi qu'Ève avait été formée d'une côte d'Adam devait imposer à celui-ci la conviction immédiate que l'être ainsi formé était fait pour lui et pouvait entrer avec lui dans des relations de vie commune. Et c'est bien ce que confirme la joyeuse exclamation d'Adam, lorsqu'il aperçut enfin, devant lui, celle qu'il avait si longtemps cherchée, exclamation qui constituait une nouvelle manifestation de cette activité intellectuelle qu'est le langage, et dans laquelle nous sentons passer le frémissement d'une joie d'essence spirituelle.

Il est vrai que la Sainte Écriture poursuit en ces termes son récit : « C'est pourquoi l'homme abandonnera son père et sa mère et s'attachera à sa femme; et à eux deux ils ne feront qu'une seule chair. » Mais ce n'est plus Adam qui parle ici; c'est Dieu en personne, à moins que ce ne soit l'auteur inspiré. D'ailleurs, dans cette parole même, l'aspect spirituel de l'union conjugale demeure au premier plan, puisqu'on l'y compare à l'amour, d'essence spirituelle à coup sûr, de l'homme pour son père et sa mère. L'attachement si étroit de l'homme pour sa femme aura bien pour consé-

quence leur union corporelle et qu'ils en viendront à ne plus former qu'une seule chair. Mais
de cela, rien encore n'a été dit au premier
homme. Et, après cette parenthèse même relative à ce qui se passera parmi les hommes
de l'avenir, nous lisons ces paroles significatives : « Or, ils étaient nus l'un et l'autre,
Adam et sa femme, et ils n'en rougissaient
pas. » C'est comme si l'on nous disait : Pour
ce qui est d'Adam et de sa femme, ils vivaient,
pour le moment, dans l'innocence des enfants,
dans une communauté purement spirituelle de
vie, dont ils ignoraient encore le but et l'aboutissement corporels. En cette matière, il leur
fallait atteindre, au préalable, un plus haut
point de maturité, non pas corporelle, car
physiquement ils n'étaient plus des enfants,
mais spirituelle. Ils y devaient être amenés
par cette conduite de Dieu, dont ils bénéfi-
ciaient, mais que la chute vint prématuré-
ment interrompre. Aussi la Sainte Écriture
ne mentionne-t-elle expressément l'existence
de relations conjugales entre Adam et sa
femme que pour le temps qui suivit la chute.

Toutes ces considérations se trouvent finalement confirmées par le fait qu'en cet endroit,

la Sainte Écriture entend très certainement affirmer l'unité et l'indissolubilité de cette communauté de vie. Son unité, car il n'est jamais question que du seul Adam et de la seule Ève. Son indissolubilité, car c'est à la condition seulement que l'union conjugale soit durable, qu'il est possible de justifier moralement la rupture, à cause d'elle, des liens si forts qui unissent l'enfant à ses parents. Notre-Seigneur Jésus-Christ pouvait donc alléguer cet endroit de la Genèse, lorsque, fidèle à la mission qu'il avait reçue de restaurer l'humanité, il entreprit de ramener la famille à sa pureté et à sa dignité premières. Il ne faisait que renouveler et renforcer les enseignements qui s'y trouvaient effectivement contenus, quand il ajoutait : « Ce que Dieu a uni, que l'homme ne le sépare pas » (*Matth.*, x, 6; *Marc*, x, 9).

Par la double révélation que nous venons d'étudier, le premier homme se trouvait donc instruit de deux vérités fondamentales pour l'évolution de l'humanité. Il connaissait sa situation à l'égard des autres créatures de la terre, dont il avait été établi le maître. Il connaissait ses devoirs au sein de la famille, qui forment la base des relations de l'homme avec ses semblables.

Chez un grand nombre de peuples, les mythes relatifs à l'origine de l'humanité s'occupent aussi de ces deux points fondamentaux. Mais, entre eux et le récit de la Genèse, se manifeste un écart considérable. Très souvent, on nous y représente l'homme comme se trouvant vis-à-vis des animaux simplement sur un pied d'égalité, ou encore comme appartenant au même monde qu'eux, ou même comme leur étant apparenté au sens propre (totémisme) et bénéficiant de leur protection. Si bien qu'il en arrive à occuper par rapport à eux une situation subordonnée, et que nous le voyons s'humilier devant eux dans la prière. L'on nous y représente la femme comme ayant été créée en vue du seul plaisir, ou de la propagation de l'espèce. Elle se trouve rabaissée bien au-dessous de l'homme; elle n'est plus que son esclave. Il arrive même qu'on n'en dise rien du tout, comme si elle ne valait pas la peine qu'on en parle. Ainsi donc le récit de la Genèse, touchant ces deux points fondamentaux pour l'évolution de l'humanité, demeure unique par la pureté de la doctrine, la délica-

tesse de touche, la noblesse et la profondeur.
Et le fait que tout cela est revêtu d'une forme
si simple, tout unie et toute naïve, n'est pas
seulement pour nous un sujet d'émerveille-
ment. C'est plus encore la preuve de la haute
antiquité de ce récit qui, de longs siècles après,
ressuscite pour nous, dans toute sa fraîcheur,
la jeunesse première de l'humanité. C'est précisément à cause de cela qu'il demeure, pour
tous les siècles, merveilleusement propre à
instruire tout ensemble les petits et les grands,
l'enfant qui joue et le vieillard qui songe.

B. — *Forme de la révélation*.

Après avoir examiné le contenu de ces révélations, il nous faut maintenant étudier leur
forme.

La Sainte Écriture ne nous fournit aucun
moyen direct de déterminer avec certitude le
mode suivant lequel se produisirent les révélations dont il a été question jusqu'à présent.
Paroles proprement dites ou actions parlantes
prononcées ou accomplies du dehors par Dieu,
ou bien communications tout intérieures :
nous ne savons. Dans le second cas, le pre-

mier homme avait-il toujours nettement conscience que ces communications étaient des révélations de Dieu ? Ou bien surgissaient-elles, sans que rien de bien spécial les caractérisât, parmi le va-et-vient de ses pensées et des mouvements de son âme ? C'est un point sur lequel la Sainte Écriture est loin de s'expliquer partout avec clarté.

Ces remarques s'appliquent incontestablement à l'ordre souverain de Dieu, dont il est parlé au premier chapitre de la Genèse. Mais le récit lui-même où la création de la femme nous est racontée, lorsqu'on l'examine de près, donne lieu de poser les mêmes questions. Lorsqu'on nous y représente Dieu menant les animaux en présence d'Adam, il n'y a pas lieu de songer, assurément, à une action visible de Dieu et qu'Adam aurait perçue comme telle. Or cette remarque vaut pareillement en ce qui concerne la présentation d'Ève à Adam. La création d'Ève par Dieu se fit durant le sommeil d'Adam. Beaucoup d'exégètes pensent, à la vérité, que, ravi en extase tandis qu'il dormait, Adam contempla cette scène. Mais du texte même de la Genèse nous ne pouvons, sur ce point, rien tirer de précis.

Quant au contenu de nos deux révélations, il n'est pas tel que, par la seule considération de sa nature, Adam se soit forcément trouvé conduit à l'attribuer à Dieu comme à sa source surnaturelle. Ce contenu, de soi, ne dépasse nullement ce que l'intelligence humaine, convenablement disposée, est capable de connaître par ses propres forces, surtout lorsqu'il s'agit, comme c'est le cas pour Adam, d'une intelligence supérieure et géniale. Il se pourrait néanmoins que, chez Adam, la perception de ces vérités atteignît un degré si extraordinaire de précision et de clarté, que, de ce chef, il ait été porté à lui attribuer une origine surnaturelle. Mais l'Écriture ne nous en laisse rien entrevoir.

Nous demeurons donc dans l'incertitude touchant la forme exacte de ces deux révélations. La Sainte Écriture ne nous apprend rien non plus d'explicite sur la manière dont Adam parvint à la connaissance de Dieu. Elle nous laisse ignorer quand et comment Adam, pour la première fois, connut Dieu comme Dieu et comme son Créateur et Maître. Que l'on admette, avec la plupart des théologiens d'à présent, que le premier homme fut créé dans l'état de grâce sanctifiante, ou bien, avec l'École franciscaine du moyen âge (v. p. 4), qu'il eut à se disposer lui-même au préalable à la recevoir, il reste, en toute hypothèse, que, même chez un adulte, grâce sanctifiante n'équivaut pas à connaissance actuelle de Dieu. Nous ne savons donc pas du tout si Adam apprit tout d'abord à connaître Dieu en contemplant la nature, ou si Dieu se révéla surnaturellement à lui comme son Maître et Créateur; et, dans ce cas, si ce fut en lui apparaissant sous forme sensible, ou bien par une simple parole intérieure. En soi, l'une et l'autre hypothèse est également possible.

Ce que la Sainte Écriture nous fait entendre en revanche fort clairement, c'est que, plus tard à tout le moins, intervint une révélation spéciale, une révélation au sens propre et donc surnaturelle de Dieu. Seule la forme, sensible ou purement intérieure, sous laquelle elle se produisit, n'est point précisée. Il s'agit de la révélation, qu'il nous faut maintenant étudier, au cours de laquelle Dieu, déjà clairement reconnu par l'homme comme son Maître, se manifesta à lui comme le législateur de sa vie morale, comme sa Fin suprême et surnaturelle, puis comme son Juge et son Rédempteur futur.

C. — *Dieu comme législateur et comme fin surnaturelle.*

Il est raconté au verset 9 du chapitre deuxième de la Genèse que Dieu avait planté, dans le jardin d'Éden, toutes sortes d'arbres beaux à voir et portant des fruits savoureux. Parmi eux figuraient l'arbre de vie et l'arbre de la science du bien et du mal. Lorsque Dieu eut établi l'homme dans ce jardin, avec mission de le cultiver et de le garder, il lui fit ce commandement : « Tu peux manger de tous les arbres du jardin; mais tu ne dois pas manger de l'arbre de la science du bien et du mal, car le jour où tu en mangeras, tu mourras de mort » (ii, 15-17). Ces deux arbres sont nettement opposés l'un à l'autre. Le fruit de l'arbre de la science du bien et du mal a pour effet de donner la mort à qui le mange. Au contraire, l'on suppose clairement que le fruit de l'arbre de vie communique la vie. Et qu'il s'agisse d'une vie sans fin, c'est ce qui ressort du verset 22, où Dieu chasse du paradis le premier homme avec ces paroles : « Voici donc Adam devenu comme l'un d'entre nous! Il connaît le bien et le mal. Et maintenant, pour qu'il n'étende pas la main et qu'il ne prenne pas (du fruit) de l'arbre de vie, de sorte qu'il vive éternellement... » (III, 22). Puisque ces deux arbres, dès leur première mention dans l'Écriture, sont nommés ensemble, il est surprenant qu'il ne soit pas question de l'arbre de vie, lorsque la défense relative à l'arbre de la science est portée. Il est nécessaire de supposer que, dans cette occasion, il dut être parlé, sous une forme quelconque, de l'arbre de vie. Et l'on doit présumer qu'il fut fait défense à Adam d'en manger, jusqu'à ce qu'il eût fourni, pendant un temps convenable, la preuve de sa fidélité, par l'observation de la défense relative à l'arbre de la science. Entre temps, Adam ne possédait encore que la faculté d'être immortel (*posse non mori*). Ce pouvoir d'être immortel, il le perdrait s'il transgressait la défense de manger de l'arbre de la science. Il le changerait, au contraire, en une immortalité effective (*non posse mori*), du fait qu'en récompense de sa fidélité, il mangerait de l'arbre de vie.

L'intime connexion des deux arbres, dans le commandement même qui devait servir d'épreuve au premier homme, met en pleine lumière le vrai caractère de ce commandement. Il devient manifeste qu'il ne représente nullement le stupide et grossier caprice d'un tyran, tout occupé de faire sentir à l'homme la supériorité brutale de sa force et glissant, dans ce but, parmi tous les témoignages de sa faveur, une défense qui, par son caractère même d'exception, eût constitué une manière de provocation à la désobéissance. Cette épreuve, au contraire, nous apparaît comme l'œuvre d'un éducateur qui a trouvé, dans sa sagesse souveraine et dans son grand amour, le secret des adaptations nécessaires et dont le but dernier est l'exaltation sublime de celui qui s'y trouve soumis.

L'immortalité corporelle que, dès ce moment, Dieu fait espérer à l'homme, montre déjà que son intention est de l'appeler à des destinées plus hautes que celles auxquelles lui permettaient de prétendre ses dons et ses aptitudes naturels. Car, réduit à ses propres ressources, l'homme ne pouvait mener une vie immortelle. Dès lors que l'immortalité de tout son être lui était rendue accessible, il lui devenait possible d'obtenir une ressemblance partielle avec Dieu, dont l'être est placé hors des atteintes de la mort et de la corruption. Mais ce n'est pas seulement dans le domaine de la durée extérieure que l'homme devait être élevé au-dessus de ce que peut sa nature, dont le pouvoir, si grand soit-il, n'en est pas moins strictement limité. Il le devait être encore en ce qui regarde la richesse de son activité intérieure. Dans la mesure où la chose est possible à une simple créature, il devait avoir part à la plénitude infinie de la science même de Dieu et, par cette voie, obtenir une nouvelle ressemblance avec Lui. Le fait pour l'homme d'être rendu semblable à Dieu, sous ces deux aspects, représentait, au sens le plus élevé, un privilège surnaturel. Ni l'une ni l'autre de ces ressemblances ne lui était due. Il en eût été redevable au seul amour de Dieu, immense et libéral.

Dans ces conditions, quel était le but à atteindre ? C'était, évidemment, de faire naître dans l'homme l'humble et amoureuse intelligence de la situation. C'était de susciter en lui la ferme résolution d'obtenir de la seule main de Dieu et de sa seule bonté ces dons magnifiques.

Car, pour une créature, nulle autre voie ne s'ouvrait qui la pût conduire à la possession de biens si relevés. L'homme était-il appelé à devenir, jusqu'à un certain point, semblable à Dieu dans la sphère de l'existence par l'immortalité totale? Par la surélévation de son intelligence, était-il destiné à approcher de la science infinie de Dieu? Il ne lui manquait plus alors, pour atteindre à la ressemblance parfaite avec Dieu, qu'une chose, mais sans laquelle ces ressemblances partielles lui seraient devenues irréalisables, et c'était, dans la soumission et l'amour, d'accorder sa volonté avec la volonté de Dieu, en reconnaissant la sagesse et la sainteté de tous ses commandements et en s'y confiant sans réserve.

Il fallait donc que l'épreuve à laquelle l'homme devait être soumis, fût si complète et si décisive qu'elle rendît pour ainsi dire superflue toute épreuve ultérieure.

La profonde pédagogie de Dieu sut donner

à l'épreuve choisie tout le sérieux et toute la portée désirables. Elle lui suggéra de mettre en conflit apparent deux choses qui faisaient partie l'une et l'autre de la divine ressemblance. La défense notifiée à l'homme concernait l'usage d'un arbre qui portait le nom plein de mystère d'arbre de la science du bien et du mal : « Si tu manges de cet arbre de la science du bien et du mal, tu ne pourras manger de l'arbre de vie. Si tu veux étendre ta science au delà des limites que j'ai fixées, tu ne vivras point, mais tu mourras. » Et pourtant la plénitude de la science, comme la plénitude de la vie, était l'un des éléments de la ressemblance avec Dieu.

Le serpent tentateur eut tôt fait de découvrir que c'était précisément cette opposition qui rendait l'épreuve si redoutable. C'est elle qu'il souligne et qu'il grossit. Il s'efforce d'imposer à nos premiers parents la conviction que celui qui leur a fait un commandement pareil, si parfaitement contradictoire et si dur, ne saurait vouloir leur bien et que son dessein réel est de leur interdire l'accès, non seulement de la science, mais encore de la vie sans fin et de la divine ressemblance sous toutes ses formes. Si donc ils prétendent atteindre effectivement ce but élevé, ils n'ont qu'un moyen, qui est de se rendre maîtres, contre sa volonté et en dépit de la défense qu'il a faite, de ce qui se trouve le plus à leur portée, de la science. La redoutable épreuve, dans laquelle ils se trouvaient ainsi engagés, consistait donc dans la nécessité pressante de choisir entre deux attitudes opposées. Confiants en Dieu et soumis à sa volonté, vont-ils s'attacher fortement à la résolution de ne chercher la ressemblance divine que par la voie qu'il leur a lui-même tracée? Ou bien, au contraire, à la fois défiants et présomptueux, vont-ils entreprendre de conquérir, de leur propre chef et par leurs propres moyens, ce don précieux?

Il peut être utile de noter ici en passant le désaccord des exégètes catholiques touchant la manière dont l'arbre de vie devait procurer à l'homme l'immortalité. Suffirait-il d'en manger une seule fois ou bien l'usage répété de son fruit serait-il requis? Agirait-il par sa propre vertu, ou par une vertu surnaturelle et à la manière d'un sacrement? C'est cette dernière conception qui semble devoir être préférée. Les objections courantes des rationalistes contre l'arbre de vie sont parfaitement inintelligentes. L'on dirait qu'ils ne comprennent pas tout ce qu'il y a de glorieux pour les êtres matériels dans le fait d'être associés par Dieu, *pro modulo suo*, à l'œuvre de la sanctification des êtres spirituels. L'on dirait qu'ils ne comprennent pas davantage que le premier homme, précisément parce qu'il possédait toute la saine intégrité primitive, se laissait aussi volontiers enseigner par le moyen d'objets ou de scènes expressifs et parlants que par le cliquetis des mots abstraits. A ce dernier point de vue, il convient de remarquer que l'arbre de vie, dont le fruit devait donner la vie sans fin, lorsqu'il est introduit pour la première fois dans le récit de la Genèse, s'y trouve étroitement rattaché aux autres arbres dont le fruit est si savoureux et qui ont le pouvoir d'entretenir la vie périssable.

Mais que signifie au juste la formule : arbre de la science du bien et du mal, dont le seul aspect évoque de graves pensées ?

La Sainte Écriture ne nous en donne pas elle-même l'explication directe. Mais elle nous conduit à la trouver, par l'effet qu'elle attribue clairement au fruit de cet arbre. Lorsque le serpent veut tenter Ève, il lui dit que l'usage de ce fruit leur ouvrira les yeux et qu'ils deviendront semblables aux dieux, connaissant le bien et le mal. Effectivement, lorsqu'ils en ont mangé, leurs yeux s'ouvrent. Mais ce n'est pas pour voir les choses comme les verraient des êtres promus au rang de dieux. Tout ce qu'ils ont appris à voir, c'est leur nudité; et, poussés par la honte, qu'ils ne connaissaient pas jusque-là, ils se couvrent les reins d'un vêtement de feuilles de figuier.

La manducation par Adam et Ève du fruit de l'arbre de la science a donc pour effet d'éveiller en eux le sentiment de la honte. La honte, c'est l'aveu qu'on se fait à soi-même qu'on a déjà fait ce que l'on savait être mal, ce que l'on savait devoir être évité, repoussé, dominé (c'était plus fort que moi = j'étais plus faible que cela); ou bien qu'au dedans de soi des mouvements impétueux sont en train de s'élever, qui mettent en péril la royale souveraineté de la raison, à laquelle il appartient de tenir le sceptre du monde intérieur, et qui risquent d'amener l'homme à faire preuve de la

plus méprisable faiblesse. C'est ce qui se produisit pour nos premiers parents, lorsqu'ils
connurent qu'ils étaient nus. Royalement et
sans nulle peine, ils avaient rangé jusque-là,
sous le sceptre de leur lumineuse raison, tous
les mouvements de leur âme. Ils n'avaient fait
jusque-là, au dedans d'eux-mêmes, que l'expérience heureuse du bien. La première provocation au mal ne leur pouvait venir que du
dehors, et c'est du dehors, en effet, qu'est
venue la tentation du serpent. Aussi la nature
exacte du mal moral, qui ne se trouve que
dans la volonté, leur était-elle jusque-là demeurée inconnue. Cette connaissance intime
du mal et l'expérience de la différence précise
du bien et du mal, ils les durent à l'usage
qu'ils firent du fruit défendu.

Dans la liaison de ces effets psychologiques
avec l'usage d'un fruit tentateur se découvre
un symbolisme aussi juste qu'expressif.

Le serpent représentait déjà à Ève, pour la
tenter, que l'usage de ce fruit lui assurerait
une vie plus heureuse, parce que plus haute et
plus pleine. N'est-ce pas ce que prétend toujours la moderne théorie libertine de la vie ? Il
n'y a pas de vie pleine, d'où le mal est exclu.

Dans le mal sommeillent des possibilités in-
finies de bonheur, dont la jouissance seule fait
la vie divine. L'idée d'en détourner l'homme
est le fait d'une étroite et stupide bigoterie.
Peut-être, pour avoir mangé du fruit de l'arbre
de la science du bien et du mal, nos premiers
parents éprouvèrent-ils, sur le moment, une
sorte d'ivresse, qui pour un instant put leur
sembler mettre en liberté des énergies merveil-
leuses qu'ils ne se connaissaient pas, et qui
fit surgir devant leurs yeux éblouis de brillantes images. Mais ce fut aussi la soudaine et
brutale rupture des chaînes que les convoitises
innombrables avaient portées jusque-là. Et
c'est un nouveau point de ressemblance avec
la moderne théorie qui tient pour l'affirmation
plénière de la vie, pour celle de Nietzsche,
par exemple, qui place la félicité suprême
dans la dionysiaque ivresse exaltant toutes
les forces du corps et toutes les énergies de
l'âme.

La vie nouvelle, issue pour lui de la science
du bien et du mal, le premier couple humain,
qui avait prétendu s'élever au niveau de la
divinité, l'expérimenta tout d'abord par la
honte qu'il éprouva de sa nudité, et précisé-

3.

ment dans cette partie de son être par laquelle il se trouvait rabaissé jusqu'à l'animalité. Peut-être cette révélation soudaine et coupable du but physique de la différence des sexes était-elle prématurée pour Adam et Ève. C'est ce qui expliquerait qu'elle produisit en eux, semble-t-il, une violente explosion passionnelle. La convoitise qui montait ébranla la souveraine et jusque-là si ferme maîtrise de la volonté. Le rouge de la honte leur en monta au front. Est-il rien de si humiliant que de se voir ravir la maîtrise de la passion sexuelle, ou simplement de la sentir en péril. Mais rien non plus, comme l'habitude de s'abandonner à cette passion, n'entraîne d'aussi funestes conséquences pour la vie même du corps, qui s'en trouve affaiblie et abrégée.

Sous cette forme en apparence si simple, si enfantine même, quelle hauteur et profondeur de pensée dans l'histoire du paradis. Les remarques qui précèdent suffisent à nous le faire entrevoir. Cette impression, cependant, s'accroît immensément, lorsque nous entendons le serpent prononcer cette parole, que plus tard Dieu lui-même reprendra : « Si vous mangez de ce fruit, vous serez comme les dieux. Cet état divin consistera en ce que vous connaîtrez le bien et le mal et en ce que vous ne mourrez point, mais vivrez éternellement. » Dieu, de même, après avoir prononcé la sentence du premier homme, ajoute : « Voilà Adam devenu comme l'un d'entre nous, connaissant le bien et le mal. Et pour qu'il ne s'approprie pas l'autre privilège divin, qui est de vivre éternellement, et qu'il ne mange pas de l'arbre de vie, je vais le chasser du paradis. »

Dans ces paroles de Dieu : « Voilà Adam devenu comme l'un d'entre nous », beaucoup d'exégètes voient une ironique moquerie, tandis que d'autres estiment l'ironie et la moquerie indignes de Dieu. On peut donner raison à ces derniers, tout en conservant l'idée même que les premiers s'attachent à mettre en lumière : Voici donc qu'Adam a osé entreprendre, par ses propres forces, de devenir comme l'un d'entre nous. Il est parvenu à ce résultat de connaître à sa façon le bien et le mal. Sans doute aura-t-il maintenant l'audace de faire le second pas. Il portera la main sur le fruit de l'arbre de vie. Ce sera de sa part ajouter au premier un second malheur. S'il mange de ce fruit, il acquerra une vie éternelle. Mais cette vie sans fin, que fera-t-elle autre chose que de rendre éternelle sa condition misérable? Car une vie éternelle, qui n'est pas en même temps une vie heureuse, c'est le plus effroyable des malheurs, attendu que l'on ne peut même pas espérer d'en sortir par la mort, qui serait cependant la seule consolation et la seule délivrance possibles.

De nouveau, il nous est rendu manifeste qu'Ève, et Adam après elle, virent réellement dans la science du bien et du mal une ressemblance avec Dieu. Et c'est ce qui leur fit paraître si désirable le fruit de l'arbre de la science. En quoi ils ne se trompaient pas. Mais ils ne réfléchissaient pas que cette connaissance du bien et du mal ne convient proprement qu'à celui qui est le Bien absolu, à celui-là seulement dont l'éclatante sainteté ne saurait être ternie, ni courir le moindre péril; à celui dont la sainteté ne peut pas plus être ébranlée que l'immobile rocher battu des flots et des tempêtes; à celui de qui la sainteté ne peut pas plus être souillée que ne le peut le rayon de soleil, dont l'éclatante pureté n'a rien à redouter du contact des boues immondes. Mais ils étaient trop orgueilleux pour reconnaître que l'homme, être fragile et borné, se trouve par lui-même dans un continuel péril de succomber à la séduction, à l'obsession du mal. Ils ne voyaient pas que, lorsque l'homme s'approche lui-même de la région où le mal habite, par légèreté, ou cédant au désir encore hésitant, ou, à plus forte raison, par un acte de rébellion directe contre Dieu, il lui devient alors comme impossible d'échapper à ce péril. Ils ne comprenaient pas que, pour la fragile vertu de l'homme, il n'y a de sécurité assurée que dans l'humble soumission à la sagesse du Dieu très saint à laquelle il se fie. Ils ne comprenaient pas que cette vertu ne possédera une stabilité parfaite que lorsque l'homme sera parvenu à la claire et parfaite vision du Souverain Bien.

Dans cette scène, la souveraine autorité de Dieu sur l'homme se manifeste donc de toute façon. Il fallait que l'homme la reconnût par une humble obéissance. C'est par cette voie et par nulle autre qu'il pouvait obtenir la divine ressemblance, dans la mesure où elle était accessible à la créature finie qu'il était. La transcendance de l'être de Dieu à l'égard de toute créature nous apparaît ainsi sous trois aspects différents : l'éternité de son être, sur lequel les forces de corruption n'ont aucune prise; l'infini de sa science, qui embrasse tout; sa sainteté sans tache, que rien ne saurait ni souiller, ni ébranler, pour laquelle nulle science n'est périlleuse.

Embrassons-nous d'une seule vue tous ces traits épars, nous constatons, cette fois encore, que le récit biblique laisse loin derrière lui, pour la hauteur et pour la profondeur de la pensée, ce que divers peuples nous peuvent présenter d'analogue dans leurs mythes. Un grand nombre de mythologies, la plupart d'entre elles peut-être, contiennent bien des récits où il est parlé d'un état bienheureux, paradisiaque, qui prit fin par la faute de l'homme. Mais tantôt c'est la conduite de l'homme dans cette faute qui apparaît enfantine ou risible, tantôt c'est la manière d'agir de Dieu qui s'écarte par trop du rôle qui sied à la divinité. Le mythe des Andamanais, qui sont un peuple extrêmement primitif du groupe pygmée, se rapproche davantage du récit biblique, dont, cependant, une distance incommensurable le sépare. Chez les Andamanais, la première faute des hommes, qui, à la vérité, ne représentent pas le premier couple humain, mais une génération postérieure, consiste en ce qu'ils n'observèrent pas la loi portée par l'Être suprême, Puluga, et qui leur prescrivait de ne point toucher aux premiers et plus beaux fruits de chaque saison et de les laisser en place pour lui. Nous avons évidemment là l'une des plus anciennes formes du sacrifice de prémices, dont le but est toujours de reconnaître l'absolue souveraineté de Dieu sur la nature entière. Sans doute, l'idée précise de sacrifice primitiel n'apparaît pas formellement dans le commandement du récit biblique. Mais nous avons vu que l'observation de ce commandement n'avait pas en réalité d'autre but que d'amener l'homme à reconnaître l'absolue souveraineté de Dieu, puisqu'il n'appartient qu'à Lui de connaître, sans aucune restriction, le bien et le mal. Il est facile de voir que, dans le commandement de la Genèse, l'idée qui est à la base du sacrifice de prémices se trouvait déjà contenue. Nous aurons d'ailleurs à revenir sur ce point.

D. — *Dieu comme Juge et comme Rédempteur.*

Nos premiers parents avaient donc transgressé le commandement que Dieu leur avait fait et par lequel il s'était révélé à eux à la fois comme leur Maître et leur Législateur et comme leur généreux et magnifique Bienfaiteur. Voici qu'il était maintenant dans la nécessité de se révéler à eux tout ensemble comme le Juge et le Vengeur du mal et comme le miséricordieux Consolateur qui, tout obligé qu'il était de les châtier, allait cependant trouver moyen de réaliser quand même son dessein généreux. Pour bien comprendre cette nouvelle révélation, nous devons au préalable nous rendre compte de ce que fut la chute elle-même.

Le rôle que joue dans le récit biblique ce serpent qui parle et qui séduit, ne laisse pas de faire difficulté. La Sainte Écriture, en divers endroits des livres postérieurs (*Sagesse*, II, 24; *Jean*, VIII, 44; *I*^a *Joan.*, III, 8; *Apocalypse*, XII, 9), nous dit expressément que le péché et la mort sont entrés dans le monde par le fait du diable. Mais l'étroite connexion qui rattache le troisième chapitre de la Genèse au second, suffirait à elle seule à nous faire comprendre qu'il ne peut s'agir ici d'un simple animal. En effet, précisément dans le chapitre deuxième, Adam, tandis qu'il donnait des noms aux animaux, s'était rendu compte que nul d'entre eux ne lui était semblable et, en particulier, qu'ils étaient incapables de répondre à son langage et donc d'entrer en relations avec lui. Le souvenir de ce fossé profond séparant l'animal de l'homme, est partout présent dans l'Écriture ; jamais nous ne l'y voyons comblé ni sa largeur diminuée. Lors donc que voulant motiver, dans le récit de la chute, l'entrée en scène du serpent, la Sainte Écriture déclare que « le serpent était de tous les animaux créés par Dieu le plus rusé », elle prétend nous expliquer simplement pourquoi l'Ennemi pervers avait utilisé, pour se dissimuler, la forme de ce rusé et souple animal. De même, la malédiction de Dieu sur le serpent, si par le dehors et par le choix des expressions elle se réfère à la forme de cet animal, par le dedans et par le sens réel, elle vise celui qui l'avait revêtue. Touchant le rôle que joue le serpent dans la suite du récit, G. Hoberg, dont on connaît les tendances nettement conservatrices, écrit : « Que veut-on dire lorsqu'on nous montre le serpent parlant ? Que le serpent a exprimé sa propre pensée par le moyen de sons articulés ? Mais c'est une chose impossible. Voici l'explication qu'on peut proposer. C'est pendant qu'elle considérait le serpent qu'Ève se trouva envahie par l'idée tentatrice de passer outre à l'ordre de Dieu. La tentation prit en elle de telles proportions, qu'Ève en vint à croire que le serpent parlait... Et cette impression, à son tour, prit si bien possession de l'imagination excitable de la femme, que ce fut désormais pour elle un fait acquis : le serpent avait parlé (1). » C'est Ève, remarquons-le, avec la puissance créatrice de son imagination féminine, qui crut avoir entendu parler le serpent. Adam, lui, avait constaté que les animaux ne répondaient pas à ses paroles. Aussi, semble-t-il que le serpent n'aurait pas réussi à le séduire directement.

Si, dans l'épisode de la chute, Ève se voit assigner le premier rôle, il n'y a là ni mépris de la femme, ni hostilité contre elle. C'est bien plutôt un moyen de rendre la faute de nos premiers parents moins grave qu'elle n'eût été autrement.

Par toute sa constitution physique et psy-

(1) HOBERG, *Genesis*, p. 38-39.

chique, la femme occupe une place intermédiaire entre l'homme et l'enfant. L'on dirait un être adulte qui aurait conservé une partie des caractéristiques de l'enfance. C'est d'ailleurs ce qui la rend merveilleusement propre à guider l'évolution qui transforme l'enfant en homme fait. Dans son tempérament spirituel, l'imagination et le sentiment exercent un empire beaucoup plus puissant que chez l'homme, sur les délibérations de la raison. C'est pourquoi la femme pouvait plus facilement se laisser vaincre par une tentation, dont la principale force consistait justement dans une excitation de l'imagination et dans une émotion de la sensibilité. Mais à cause de cela même, sa culpabilité était moindre, et jusqu'à un certain point, elle put, dans la suite, se disculper en alléguant que le serpent l'avait trompée.

Ce qui amena Adam à manger du fruit défendu, ce ne fut pas, dans la même mesure que pour Ève, ce fruit lui-même et lui tout seul. Mais ce fut aussi cette circonstance qu'il lui était offert par sa compagne aimée. Entre elle et lui, jusque-là, tout avait été commun. Adam était donc fondé, jusqu'à un certain point, à dire un peu plus tard : « La femme que tu m'as donnée comme compagne, celle dont tu m'as fait connaître qu'elle était os de mes os et chair de ma chair et que je la devais donc estimer et aimer comme mon égale et comme mon associée dans la vie, c'est elle qui m'a offert du fruit de l'arbre et j'en ai mangé. » Il n'y a en tout cela nulle récrimination contre Dieu, comme le disent plusieurs exégètes, mais Adam y allègue une circonstance qui atténue réellement sa faute.

Rien de plus riche en vérité humaine, sous sa forme naïvement enfantine, que le récit si concret où la Sainte Écriture nous montre nos premiers parents, conscients de leur faute, cherchant à se soustraire aux regards de Dieu. Les questions de Dieu vont d'Adam à Ève, et finalement au serpent. La sentence, au contraire, tombe d'abord sur le serpent, puis sur Ève et enfin sur Adam.

La malédiction prononcée sur le serpent se formule en des termes qui se réfèrent à l'animal, mais qui atteignent aussi, grâce à leur admirable double sens, celui qui, dans la scène de la tentation, s'est servi de la forme du serpent. L'animal rampe sur le ventre, posture humiliée (il mange la poussière : for-

mule exprimant le plus profond mépris).
Entre la progéniture du serpent et la postérité
de la femme, à savoir l'homme, c'est le règne
de la peur et de l'hostilité. Le serpent se glisse
par derrière et cherche à mordre le talon nu
de l'homme, mais l'homme le tue en lui écra-
sant la tête. Pareillement le cruel ennemi se
trouve précipité du ciel dans la plus profonde
abjection. Entre la postérité de la femme et
sa propre descendance, c'est-à-dire ceux qui
le servent et qui s'attachent à lui, régnera
une hostilité éternelle. Il tendra des embûches
à la postérité de la femme, mais cette postérité lui écrasera la tête et triomphera de lui.

Dans ces dernières paroles, l'exégèse catholique, comme d'ailleurs l'exégèse protestante
croyante, a toujours reconnu une allusion au
Rédempteur à venir, et une sorte de Protévangile. Car c'est le Christ, descendant de la
femme, qui a définitivement écrasé la tête du
cruel ennemi.

L'on ne saurait alléguer contre cette interprétation le fait que, dans la sentence portée
contre nos premiers parents eux-mêmes, nul
rayon de lumière ne brille et qu'elle ne renferme rien que de rude et de dur. Car il con-

venait qu'il en fût ainsi et que l'annonce du châtiment fît tout l'objet de la sentence qui les condamnait. C'est la sagesse pédagogique du Juge qui lui a inspiré de faire jaillir le premier rayon consolateur de l'espérance, de la condamnation portée contre le serpent lui-même. C'était signifier qu'il tenait celui-ci pour le principal coupable et pour la première cause de tout ce malheur. C'était accorder aux excuses alléguées par Adam et Ève toute la considération dont elles étaient susceptibles.

Mais surtout Dieu affirmait par ces paroles sa ferme volonté de ne point souffrir que le plan qu'il avait formé d'élever l'homme à la vie surnaturelle, se trouvât réduit à néant par le serpent. Il affirmait sa résolution de lui assurer au contraire une plus magnifique réalisation, en retirant l'homme de l'abîme où il était tombé pour l'élever, en dépit de tout, jusqu'à ces sublimes sommets. Seule cette interprétation de la promesse que le serpent aura la tête écrasée en exprime tout le sens et toute la portée. Car si cet écrasement signifie la victoire complète sur le serpent, cette victoire elle-même doit entraîner d'abord l'entière réparation du dommage causé par le

triomphe ancien du serpent astucieux (*dam-
num emergens*), et, en second lieu, la restitution des avantages positifs, c'est-à-dire de
cette ressemblance avec Dieu à laquelle
l'homme s'était trouvé en état de prétendre
(*lucrum cessans*). C'est précisément cette
restitution qui doit achever la défaite du serpent, puisque c'est grâce à elle que se trouvera
réduit à néant le plan haineux qu'il se flattait
d'avoir réalisé.

Ainsi donc cette concession nouvelle de la
ressemblance avec Dieu pouvait seule rendre
complète la défaite du serpent. D'autre part,
nos premiers parents avaient fait l'expérience
amère que Dieu seul leur pouvait accorder
cette ressemblance. Ils se rendaient compte
par suite que seul aussi il leur pouvait procurer cette revanche complète sur le serpent.
Avec quelle stupeur mêlée de joie hésitante
ne durent-ils donc pas entendre les mysté-
rieuses paroles par lesquelles Dieu leur pro-
mettait qu'un descendant de la femme, un être
de leur race, un fils de leurs fils, écraserait
la tête de l'ennemi et remporterait sur lui une
victoire complète. Étaient-ils en état de
résoudre l'apparente contradiction qu'impli-

quait ce langage et de comprendre le plan merveilleux d'un Dieu fait homme et Rédempteur qui leur était ainsi révélé ? La Sainte Écriture ne nous dit rien d'explicite. Les saints Pères, dans l'ensemble,. inclinent à leur attribuer, à tout le moins, l'intelligence générale de cette promesse, et donc la foi et l'espérance au Dieu incarné et Rédempteur qui devait venir.

A supposer même qu'il en ait été autrement, l'on ne pourrait se dispenser d'admettre qu'il s'est passé pour nos premiers parents quelque chose de semblable à ce qui se passe, d'après saint Thomas d'Aquin, pour l'homme vertueux auquel n'est parvenue aucune révélation explicite : « Si quelques-uns (d'entre les Gentils) ont été sauvés, écrit-il, qui n'avaient bénéficié d'aucune révélation extérieure, ils n'ont pas été sauvés sans la foi au Médiateur. Car s'ils n'avaient pas en lui de foi explicite, ils avaient cependant une foi implicite dans la providence divine. Ils croyaient, en effet, que Dieu est le sauveur du monde et qu'il le sauve en la manière qu'il lui plaît (1). » Cette ferme et

____

(1) *Summa theologica*, II^a II^{ae}, q. 2, art. 7, ad 3um.

assurée confiance, nos premiers parents la possédaient après la chute, grâce à la si consolante promesse qui leur avait été faite. Et si dur que pût être le châtiment que Dieu, s'adressant directement à Adam d'abord, à Ève ensuite, prononçait contre eux, cette espérance en émoussait la pointe acérée.

La condamnation que Dieu faisait ainsi tomber sur Ève et sur Adam ne contenait rien de plus que le retrait des marques qu'il leur avait données de sa spéciale bienveillance.

Tandis qu'auparavant l'accomplissement de la loi : « Soyez féconds, multipliez-vous », comme le prouve son étroite connexion avec le décret qui assurait à nos premiers parents la domination sur la nature, devait être plein de délices et de noblesse, il entraînera désormais à sa suite pour Ève tout un cortège de fatigues, de souffrances et d'humiliations. Tandis qu'auparavant, par le moyen d'une scène spéciale et symbolique, Dieu avait imprimé dans le cœur d'Adam le sentiment que sa compagne était son égale, voici maintenant qu'il assujettit Ève à sa domination.

Tandis qu'auparavant Adam se trouvait placé dans un jardin de délices, renfermant toutes sortes d'arbres beaux à voir et chargés de fruits savoureux, qu'il n'avait qu'à garder et à tenir en ordre, le voici maintenant poussé dans une terre aride et maudite à cause de lui, où le sol, après un dur labeur, lui fournira tout juste un pain parcimonieux.

L'arbre de vie, qui devait assurer à l'homme une vie éternelle, lui est maintenant inaccessible, et la mort le doit atteindre un jour, qui fera retomber son corps à la poussière d'où il a été tiré.

En tout cela, Dieu se révélait à nos premiers parents comme le Juge de leurs actions et le Vengeur de leurs fautes, Juge et Vengeur qui, parmi sa justice et sa rigueur, faisait éclater sa modération et sa généreuse bonté. Il manifestait aussi sa puissance invincible, en ne permettant pas que son plan magnifique fût réduit à néant par l'astuce perfide et par le péché d'une créature, en lui assurant, au contraire, en dépit de ces obstacles et par leur moyen, une réalisation plus glorieuse.

La révélation primitive, au sens propre, s'achève avec cette sentence et son exécution. La parole de Dieu à Caïn, lorsqu'on l'envisage par rapport à celles qui avaient été prononcées jusque-là, a plutôt pour effet d'introduire dans le monde cette division de l'humanité en deux camps opposés, qui, parmi les descendants d'Adam et d'Ève et dès la première génération, devait assurer une postérité au serpent. C'était donc, dès le début de l'évolution humaine, l'accomplissement de la sentence portée par Dieu.

IV

CONCLUSIONS : ÉTENDUE DE LA RÉVÉLATION PRIMITIVE.

Si nous réunissons tout ce que la Sainte Écriture, dans les trois premiers chapitres de la Genèse, nous apprend sur le contenu de la révélation primitive, voici ce que nous obtenons.

Dieu est le Maître tout-puissant et le créateur de toutes choses et en particulier de l'homme. Il est élevé au-dessus de toute caducité, il connaît le bien et le mal et cependant sa sainteté demeure immuable. Il est le Législateur de l'ordre moral, son Juge et son Vengeur.

Dans sa jeunesse, l'homme reste attaché à son père et à sa mère. Puis, il les abandonne pour s'unir à une femme, qui est son égale et qui devient sa compagne, même dans la sphère de la vie spirituelle.

Par l'union de l'homme et de la femme s'accomplit la propagation de l'espèce humaine, et l'humanité, qui doit aller se multipliant, reçoit le droit et la mission de remplir la terre par une expansion continue et de se l'assujettir avec toutes ses énergies, avec tout ce qu'elle produit et qui se meut sur elle.

Toutes ces vérités, qui ont leur fondement dans les propriétés et les aptitudes de la nature humaine, embrassent uniquement les relations et les devoirs résultant de cette nature elle-même, et sont par conséquent accessibles à l'intelligence humaine laissée à ses propres forces.

Mais en portant la loi qui devait servir d'épreuve à nos premiers parents, Dieu sort de la sphère des vérités purement naturelles. Dès avant la chute, il leur révèle donc des vérités surnaturelles.

Dieu lui-même veut être la fin de la vie humaine, fin située bien au delà de ce que peuvent

atteindre les forces naturelles. Il entend élever
la nature humaine jusqu'à sa propre ressemblance, pourvu que l'homme consente à ne
tenir que de lui, dans l'humilité et dans l'amour,
cet inestimable don.

Et après la chute, en sa miséricorde, il ajoute
cette vérité consolante, qui surpassait tout ce
que l'homme pouvait concevoir et espérer :
Dieu ne renonce pas à être la fin surnaturelle
de l'humanité. Il se fait bien plutôt la voie
elle-même qui la doit conduire au but. Dieu
va venir en personne et comme Rédempteur.

Par l'union de ces vérités et de ces faveurs
tant naturelles que surnaturelles, dont l'homme
était redevable à la révélation primitive, Dieu
ne se contentait pas de poser, suffisant, solide
et large, le fondement de l'évolution ultérieure
de l'humanité dans le domaine de la religion
et de la morale naturelles. Il élevait encore
les regards de l'homme, ses désirs, son activité, au-dessus de la nature entière, jusqu'aux
sommets glorieux du monde surnaturel. Grâce
à celles de ces vérités qui appartenaient à
l'ordre naturel, la situation de l'homme et tous
ses devoirs se trouvaient placés sur un fondement solide : ses rapports avec Dieu, qui

consistaient dans la soumission et l'affectueux respect; ses relations avec ses semblables, régies par le grand principe de l'égalité de nature; sa situation vis-à-vis des autres créatures, auxquelles il était supérieur et qu'il devait dominer. Les perspectives ouvertes sur l'ordre surnaturel auquel l'homme se trouvait élevé, sur les relations intimes que devait créer la ressemblance avec Dieu et cette qualité de fils de Dieu, auxquelles il avait accès, surpassaient en éclat toutes les autres vérités et projetaient sur tous les rapports et sur tous les devoirs purement naturels une nouvelle et plus brillante lumière.

Les exégètes catholiques sont divisés sur la question de savoir si d'autres vérités encore, par exemple le mystère de la Sainte Trinité et l'Incarnation de la seconde personne de la Sainte Trinité, faisaient partie de la révélation primitive. Sur l'Incarnation, la Sainte Écriture ne nous fournit pas d'autres renseignements que ceux du Protévangile. Or, elle ne précise pas dans quelle mesure nos premiers parents en pénétrèrent le sens. Les triades qui se rencontrent dans les théogonies et mythologies d'un grand nombre de peuples, ne sauraient être considérées comme les traces d'une connaissance antérieure de la Trinité. Beaucoup de Pères et d'historiens des religions au XIXe siècle, Görres, Creuzer, Lüken, etc., l'ont cru, mais à tort. Toutes ces prétendues traces s'expliquent aisément par d'autres voies, en particulier par la personnification mythologique des phases de la lune. De même, la conception d'un Médiateur entre Dieu et l'homme, que nous offrent beaucoup de mythologies païennes, doit souvent son origine à l'exaltation mythologique de l'ancêtre de la tribu. La possibilité d'une origine différente subsiste néanmoins et ne saurait être écartée à priori.

Les vérités qui furent révélées avant la chute, l'esprit de l'homme dut les comprendre d'autant plus clairement, que sa pénétration n'avait pas encore été obscurcie ni affaiblie par la tempête de passions et de convoitises qui s'éleva plus tard en lui. Lorsque, après la chute, cet obscurcissement se produisit, il ne saurait avoir été tel que ces vérités en aient subi, dans l'intelligence humaine, une éclipse complète, ou peu s'en faut. Obscurcies à la vérité dans une certaine mesure, elles n'en représentaient pas moins le lumineux héritage que nos premiers parents emportèrent du paradis et léguèrent à leur postérité. Et la lumière qu'elles projetaient, demeurait assez abondante pour éclairer la route qu'allait suivre l'humanité pendant des milliers d'années. Mais c'était à la condition que les fautes personnelles ne vinssent pas aggraver encore, en se multipliant, l'obscurcissement dû à la faute première des ancêtres.

CHAPITRE DEUXIÈME

**POSSIBILITÉ DE LA RÉVÉLATION PRIMI-
TIVE CONSIDÉRÉE DU COTÉ DE L'HOMME.
APTITUDES CORPORELLES ET SPIRI-
TUELLES DES HOMMES LES PLUS AN-
CIENS.**

I

LES SOURCES.

A. — *Les données de la Sainte Écriture
comme source surnaturelle.*

Le récit de la Sainte Écriture touchant la
révélation primitive contient aussi, comme de
juste, des renseignements sur la condition où
se trouvaient les premiers hommes eux-mêmes.
Quelques-uns de ces renseignements nous
sont donnés en termes directs. Nous les con-
naissons déjà. D'autres, au contraire, représentent plutôt des présuppositions tacites.

C'est-à-dire que les hommes, qui avaient à recevoir cette révélation primitive, devaient et sont supposés avoir atteint un certain degré de développement spirituel. L'une et l'autre, cette image des premiers hommes que la Sainte Écriture nous offre, et cette révélation primitive se proportionnant à eux, satisfont au plus haut point notre esprit et notre cœur. Elles répondent parfaitement l'une et l'autre à l'idée que nous sommes portés à nous faire de la sagesse et de la bonté de la divine providence et de la dignité de la nature humaine.

Mais il ne s'agit pas ici de nos conceptions et de nos inclinations personnelles, ni de ce qui nous peut paraître consolant et propre à élever notre âme. Il s'agit de la réalité objective, de la rigoureuse historicité de faits très déterminés. La question qui s'impose à nous, et de la façon la plus pressante, est la suivante : Dans le récit biblique sur la révélation primitive, pouvons-nous voir le récit d'événements réels, de faits historiques? Plus précisément encore : Est-ce le récit d'événements qui ont inauguré l'histoire de l'humanité entière, ou ne serait-ce pas le produit de la poésie et de la réflexion, une belle allégorie, un mythe profond, mais dépourvus de toute réalité historique?

S'agit-il réellement d'un récit historique? Pour l'établir, il ne suffit pas de constater que ce récit nous satisfait intérieurement. Mais il nous faut, si nous voulons qu'il soit recevable, lui appliquer les procédés d'investigation auxquels il est entendu que l'on doit soumettre n'importe quel récit historique et montrer qu'il est effectivement digne de foi et véritable. Nous ne saurions nous considérer comme affranchis de cette obligation, sous prétexte que notre récit se rapporte à une époque non pas proprement historique, mais préhistorique et dont la lumière de l'histoire ne semble guère pouvoir percer les ténèbres épaisses. Plus, dans de telles conditions, le contrôle apparaît difficile, plus nous le devons rendre prudent et rigoureux.

Le récit relatif à la révélation primitive se présentant à nous revêtu d'une forme littéraire et nettement déterminée, et comme faisant partie d'un livre. la Genèse, qui est l'un des cinq livres de Moïse, il en résulte que notre contrôle doit s'exercer de deux façons différentes, si nous voulons qu'il soit complet. Il y a d'abord la critique du texte même de notre récit, l'examen critique de son caractère littéraire, de son origine, de ses relations de liaison ou d'indépendance avec d'autres documents littéraires. C'en est la critique textuelle. Il y a ensuite l'examen critique de son contenu et de l'accord ou du désaccord qu'il présente avec les autres renseignements que nous pouvons posséder sur les premiers temps de l'humanité. C'en est la critique réelle. Comme la critique textuelle, sur beaucoup de points, est solidaire de la critique réelle et s'appuie sur elle, les problèmes ressortissant à la première se trouveront en partie résolus, si nous donnons tout d'abord la parole à la seconde. D'ailleurs, si la critique réelle nous conduisait à constater l'existence d'oppositions insurmontables entre les faits tels que les sources extra-bibliques nous les font connaître et le récit biblique, la question de l'historicité de ce dernier serait tranchée du même coup. La critique textuelle, si elle gardait de l'intérêt pour le savant, n'en offrirait plus du tout ou plus guère pour l'homme que préoccupe uniquement le problème religieux. Nous sommes donc fondés à commencer notre contrôle par la critique réelle.

Notre dessein étant d'examiner tout simplement la possibilité de la révélation primitive considérée du côté de l'homme et sa réalité historique, les parties du récit biblique qui se rapportent à la création du monde matériel, à celle des plantes et des animaux, demeurent en dehors de notre domaine. Nous ne nous en occuperons donc pas ici.

B. — *La préhistoire, l'anthropologie et l'ethnologie comme sources naturelles.*

Ce que la science est parvenue à découvrir touchant l'origine de l'homme et son histoire primitive, nous introduit en des temps extrêmement reculés, où le contour précis des choses ne nous apparaît le plus souvent que brouillé et vacillant. Lorsque nous y pénétrons, nous avons depuis longtemps laissé derrière nous la lumière de l'histoire proprement dite. Il y a longtemps qu'il ne nous est plus possible d'assigner aux réalités et aux faits des dates précises, susceptibles d'être formulées en années.

Notre chronologie rigoureuse ne remonte pas au delà des Égyptiens et des Assyro-Babyloniens, ou mieux des Suméro-Accadiens. Avec les premiers nous pénétrons jusque dans le troisième millénaire avant l'ère chrétienne, et avec les seconds jusque dans le quatrième. Or à cette époque et dans ces régions elles-mêmes, nous trouvons une civilisation extrêmement élevée, riche et donc développée, et qui nous présente dans toutes les sphères de la vie humaine, dans le domaine de la civilisation matérielle (économie domestique, métiers, art) et dans celui de la civilisation spirituelle (langage, science, sociologie, morale, religion) des formes culturelles assez complexes.

Quelques-uns, sans doute, au premier moment, seraient assez enclins à contester que plusieurs nouveaux millénaires soient requis pour la formation de cette civilisation. Mais ce sont les faits eux-mêmes qui nous obligent à l'admettre. Dans ces deux régions, en effet, sous cette civilisation strictement historique et susceptible d'être datée avec précision, toute une série de couches culturelles inférieures existent, dont les fouilles ont mis au jour d'indubitables vestiges. Et ces vestiges d'une évolution antérieure à l'histoire proprement dite, sont disposés de telle sorte que, de plus en plus primitifs à proportion qu'ils se rencontrent plus bas, ils nous mettent pour ainsi dire sous les yeux toute la suite de l'évolution culturelle dans l'ordre même où elle s'est accomplie. Ces couches culturelles, antérieures à celles pour lesquelles nous disposons d'une chronologie précise, sont dites préhistoriques et la science qui les étudie reçoit le nom de préhistoire.

Les couches préhistoriques ne se relient pas partout, sans laisser d'intervalle, aux civilisations historiques, comme il arrive sur les bords de l'Euphrate et du Nil. En Asie Mineure, en Crète et dans les autres îles grecques, surtout en Italie, en Espagne, en France, en Allemagne, en Belgique, en Suisse, en Autriche, en Suède, etc., la liaison du préhistorique à l'historique est moins étroite. Partout cependant, il est manifeste que ces civilisations ensevelies dans les profondeurs de la terre sont les plus anciennes et nous reportent à une époque bien antérieure aux civilisations historiques. Il en résulte que la préhistoire, lorsqu'il s'agit d'étudier les temps primitifs de l'humanité, doit renoncer à prendre l'histoire pour guide.

Mais la préhistoire, qui devient dès lors notre guide à l'exclusion de l'histoire, ne nous renseigne qu'avec une parcimonie extrême. Tout ce qu'elle nous peut présenter, ce sont des débris mutilés : pauvres restes du corps des premiers hommes ou plutôt de leurs squelettes; vestiges épars et fragmentaires de leur culture matérielle, et uniquement d'objets confectionnés avec une matière durable, pierre, os, et plus tard métaux. Tout le reste a péri, victime d'un travail millénaire de destruction. Et ces vestiges trop peu abondants ne nous permettent guère que par intervalles et comme par une fente étroite, de jeter un furtif regard sur la civilisation proprement spirituelle, sur l'évolution sociale, intellectuelle, morale, religieuse, des plus anciens hommes. L'ensemble de leur vie spirituelle demeure recouvert pour nous des voiles d'un obscur passé. Il le demeurerait du moins, si nous n'avions à notre disposition que la seule préhistoire.

Mais un autre guide s'offre maintenant à nous, qui est en état de combler ces lacunes et de dérouler devant nos yeux une vivante image. C'est l'ethnologie, qui s'occupe en particulier de l'histoire des peuples non-civilisés ou de culture inférieure.

On a remarqué, en effet, que presque tout ce que l'on découvrait de l'homme préhistorique se retrouvait, ou peu s'en faut, chez les peuples non-civilisés qui continuent d'exister sous nos yeux. Ce simple fait nous autoriserait déjà à conclure que les peuples non-civilisés perpétuent au milieu de nous l'état préhistorique. Mais cette conclusion trouve une précieuse confirmation dans la découverte qu'on a faite, en cherchant à déterminer les formes les plus anciennes, chez les peuples civilisés, d'ustensiles, d'habitations, d'usages, de conceptions, que ces formes primitives se rencontrent toujours chez les peuples non-civilisés actuellement existants. Ces derniers nous apparaissent donc comme les représentants d'un état de civilisation antérieur à celui où se trouvent les peuples civilisés et comme les témoins d'une phase plus ancienne de l'évolution de l'humanité.

Parmi les catholiques, on s'est souvent élevé contre cette manière de concevoir les choses.

Dans le cas des peuples non-civilisés, on ne voulait voir que le résultat d'une décadence ou d'une dégénérescence, et on tenait que tous les non-civilisés étaient déchus de l'état où nous voyons les peuples de civilisation plus élevée. Cependant dans son ouvrage : *Mœurs des sauvages américains comparées aux mœurs des premiers temps*, publié à Paris en 1724, le P. Lafitau, S. J., l'un des fondateurs de l'ethnologie scientifique, se prononçait déjà pour l'opinion qui prévaut aujourd'hui.

Sans doute, l'hypothèse d'une régression vers l'état sauvage et la barbarie se vérifie pour un assez grand nombre de peuples non-civilisés actuellement existants. Toutefois, ces dégénérés ne représentent, parmi les non-civilisés, qu'une minorité. La grande masse des non-civilisés ne sont pas des dégénérés ; ce sont des retardataires, qui se sont immobilisés à l'une des étapes anciennes de l'évolution humaine. C'est ce qui ressort avec évidence du fait suivant. Les premiers commencements d'une civilisation plus élevée, mais qui n'affectait encore qu'un domaine peu étendu, ne remontent jusqu'à 4000 avant Jésus-

Christ que dans les seules vallées de l'Euphrate et du Nil et dans quelques-uns des territoires intermédiaires. Partout ailleurs, en Chine, dans l'Inde antérieure, au Mexique, dans l'Amérique centrale, au Pérou, ils n'apparaissent que beaucoup plus tard, vers l'an 1000 avant Jésus-Christ. Or, l'ethnologie est à même de prouver qu'antérieurement à cette date, les peuples non-civilisés occupaient déjà de vastes régions du globe. Ces peuples ne peuvent donc être déchus d'une civilisation plus élevée, puisque dans la région d'où ils commencèrent à se répandre, nulle civilisation de ce genre n'existait, lorsqu'ils s'en éloignèrent, et qu'ils n'en pouvaient donc emporter aucune avec eux.

On pourrait, à la vérité, suggérer l'opportunité de distinguer entre civilisation matérielle et civilisation spirituelle et faire valoir que les différences profondes existant entre peuples non-civilisés et peuples civilisés n'intéressent guère après tout que la seule civilisation matérielle, et que, si l'on regarde la civilisation spirituelle, les non-civilisés sont des hommes aussi bien que les civilisés. Au point de vue spirituel, les non-civilisés sont des hommes, complètement, non pas à moitié ni au quart. Et de fait, il faut insister avec force sur ce point, qui représente l'une des conquêtes les plus précieuses de la nouvelle ethnologie, et l'opposer catégoriquement aux théoriciens de l'évolution absolue. Mais cela ne doit pas nous empêcher de reconnaître que, de façon générale, les non-civilisés représentent des phases anciennes de l'évolution humaine, phases que les peuples civilisés ont traversées, eux aussi, avant de s'élever à la hauteur où nous les voyons présentement. Car, même en ce qui regarde la civilisation spirituelle, il demeure évident qu'un progrès notable dans le domaine de la civilisation matérielle apporte avec soi un développement, dans tous les sens, des forces intellectuelles, ne fût-ce qu'au point de vue purement formel, et conduit, en particulier, à une connaissance plus complète et plus exacte de la nature et de ses énergies. Il faut tenir compte aussi, par exemple, de la découverte et du perfectionnement toujours plus grand de l'écriture, qui est devenue pour la vie spirituelle des peuples d'une si capitale importance. Le développement le plus élevé, au point de vue formel, qu'aient atteint, chez les peuples civilisés, les facultés intellectuelles, consiste, de façon plus spéciale, dans le perfectionnement de la pensée abstraite et réfléchie. Or, là même où se rencontrent des biens spirituels d'égale valeur, cette supériorité dans le mode de penser suffit à assurer aux peuples civilisés une avance, souvent assez marquée, sur les non-civilisés, attendu qu'ils possèdent ces biens de façon et plus consciente et plus pénétrante.

Mais tout cela ne doit pas nous empêcher de reconnaître que les progrès réalisés par les peuples civilisés dans le domaine de la civilisation matérielle et intellectuelle, pour considérables qu'ils soient, n'ont pas réussi à enrayer ce mouvement de décadence religieuse et morale, constaté par l'ethnologie elle-même, qui a commencé de se faire sentir dès les premiers commencements de l'histoire humaine et qui n'a cessé de prendre de plus vastes proportions. Seules les forces extranaturelles de la religion de l'Ancien Testament, puis de la révélation chrétienne, se sont trouvées capables d'arrêter cette décadence et d'inaugurer un mouvement ascensionnel vers des sommets plus élevés. Nous n'en reconnaissons pas moins sans hésiter que les peuples non-civilisés représentent, par rapport aux peuples civilisés, des formes plus anciennes de l'évolution humaine. Mais, qu'on le remarque bien, dire que les peuples non-civilisés représentent des formes plus anciennes, des formes antérieures de cette évolution, ce n'est pas du tout la même chose que de dire que ces formes antérieures chronologiquement sont toujours inférieures et sous tous les rapports. Nous nous expliquerons plus loin sur ce sujet.

Si donc l'on admet que les peuples non-civilisés, à les prendre dans leur ensemble, perpétuent sous nos yeux les phases anciennes de l'évolution humaine, il devient manifeste du même coup que la science dont ils constituent l'objet tout spécial, à savoir l'ethnologie, est qualifiée pour nous servir de guide à travers l'histoire primitive de l'humanité.

Ces deux guides, la préhistoire et l'ethnologie, sous la conduite desquels nous pouvons essayer de pénétrer parmi les ténèbres de la plus ancienne histoire humaine, doivent s'assurer le concours nécessaire d'une troisième science, l'anthropologie physique, qui étudie le corps humain, les différences qu'il présente selon les races, et ses rapports avec le monde animal. Nous utiliserons ses services avec reconnaissance.

II

ORIGINE DU CORPS HUMAIN.

A. — *Exposé et critique des théories modernes.*

La question de savoir si le premier homme était en état de recevoir la révélation primitive, élevée et profonde, que nous décrivent les premiers chapitres de la Genèse, n'intéresse, à proprement parler, que son esprit. Il est, en effet, bien évident que c'est uniquement avec son esprit qu'il avait à recevoir cette révélation divine. Cependant, l'état corporel des premiers hommes doit être pris en considération, pour autant qu'un certain degré minimum d'évolution corporelle et, en particulier, de développement du cerveau est requis, sans nul doute, pour que l'esprit ait à sa disposition l'instrument qu'exige l'exercice même de ses facultés (1). Était-ce vraiment le cas des pre-

(1) Il est d'ailleurs très difficile, sinon impossible, de détermi-

miers hommes ? Cette question offre une réelle actualité en face des théories modernes sur les origines humaines. L'homme, en effet, serait issu, d'après ces théories, de formes si

ner de façon précise ce minimum, et surtout de conclure de l'étude morphologique d'un type humain au degré d'intelligence qu'il peut posséder. Des recherches poursuivies sur les types humains actuellement existants ont conduit le Dr. MANOUVRIER à cette conclusion qu'il n'y a pratiquement aucune relation directe entre la capacité intellectuelle et les caractères du système osseux, musculaire, viscéral et circulatoire (*Les aptitudes et les actes dans leurs rapports avec la constitution anatomique et avec le milieu extérieur*, dans *Bulletins de la Société d'Anthropologie de Paris*, 4° série, vol. I (1890), pp. 918 ss.). K. PEARSON conclut de même qu'il n'y a que peu de rapports entre les aptitudes intellectuelles et le volume ou la forme de la tête (*On the Relationship of Intelligence to Size and Shape of Head, and to other physical and mental Characters*, Biometrika, V, pp. 136 ss.). FR. BOAS, qui cite et approuve ces conclusions, estime que, s'il existe une relation, elle doit plutôt affecter l'organisation de la matière cérébrale que la forme même du crâne (*The Mind of Primitive Man*, New-York, 1911, p. 24, 28). Et il cite DONALDSON (*The Growth of the Brain*, 1895), affirmant que le rapport existant entre le nombre des cellules et des fibres (cérébrales) et la capacité cranienne est très lâche. BOULE semble bien être du même avis et n'attacher d'importance décisive qu'à l'organisation ou, mieux, à la répartition de la substance cérébrale. La forme ou le volume absolu ou même relatif (au volume total de la tête) n'auraient qu'une importance très secondaire. D'autre part, il reconnaît l'extrême difficulté que présente l'étude des crânes fossiles à ce point de vue de la répartition et de la qualité de la matière cérébrale (*L'homme fossile de La Chapelle-aux-Saints*, Paris, 1913, p. 190 ss.). En tout cas, il est tout à fait antiscientifique de transposer, sans autre formalité, les termes « inférieurs » et « supérieurs », qui qualifient, au point de vue physique, les divers types humains fossiles, en termes de psychologie (Cfr. H. BREUIL, A. et J. BOUYSSONIE, *Homme*, dans le *Dictionnaire apologétique de la Foi catholique*, 4° éd., fasc. VIII, 1912, col 471 ss.). T.

inférieures que, jusqu'à un certain point de la série évolutive ascendante, le degré requis de développement corporel n'était certainement pas atteint.

Dans les siècles antérieurs, les savants ne faisaient pas difficulté d'admettre pour l'homme une origine propre, totalement indépendante des autres êtres, et telle que l'homme s'était trouvé, dès le premier moment, réellement homme. De même qu'on tenait les différentes catégories d'animaux (espèces) pour constantes (théorie de la constance des espèces), et que chacune d'entre elles était supposée avoir eu une origine propre, de même, l'homme étant considéré par tout le monde comme formant une espèce à part, la logique exigeait qu'on lui attribuât aussi une origine propre.

Les choses changèrent lorsque apparurent les premières théories évolutionnistes, qui, après avoir aboli le concept de la constance des espèces, enseignèrent qu'elles dérivaient les unes des autres, sans même faire d'exception en faveur de l'homme. Le premier représentant de la théorie évolutionniste qui mérite d'être mentionné, Lamarck (1744-1829), en faisait déjà l'application à l'homme, quoique

par manière de simple hypothèse. Cependant
sa théorie, comme d'ailleurs la théorie postérieure de Geoffroy Saint-Hilaire (1830), furent
tenues en échec par l'autorité plus forte de
Cuvier, qui était demeuré fidèle à l'idée de la
constance des espèces.

L'année 1859 vit une nouvelle transformation de la situation, qui depuis lors n'a plus
cessé de se développer dans le sens évolutionniste. Sir Charles Lyell, l'éminent géologue
anglais, apporta l'appoint considérable de son
autorité à la thèse de l'archéologue français
Boucher de Perthes, lequel jusque-là avait fait
de vains efforts pour amener les savants français à reconnaître la portée des fouilles entre-
prises par lui dans la vallée de la Somme et
qui prouvaient, à son avis, l'existence d'hommes préhistoriques. C'est en cette même année
1859 que parut le grand ouvrage de Charles
Darwin : *De l'origine des espèces par sélection naturelle,* où il enseignait la transformation d'espèces anciennes et la formation con-
tinuelle d'espèces nouvelles sous l'influence
d'une incessante évolution. A la vérité, c'est
seulement en 1871, dans l'ouvrage intitulé :
La descendance de l'homme et la sélection

naturelle, qu'il fit l'application de sa théorie à l'homme lui-même. Huxley l'avait devancé sur ce point dans son livre : *Documents relatifs à la place de l'homme dans la nature* (1863).

Depuis lors, l'idée que l'homme descend de l'animal par évolution est demeurée à l'ordre du jour. De très nombreux ouvrages pour ou contre ont été publiés. Ses partisans ont élaboré, pour la faire valoir, toute une suite de théories, et il importe de connaître les principales d'entre elles, avant d'aborder l'examen des preuves que l'on apporte en sa faveur. Car, selon la nature particulière de chacune de ces théories, la valeur respective des preuves en ce qui la concerne doit être appréciée différemment; souvent même telle ou telle d'entre elles en arrive à perdre toute valeur et parfois se transforme en objection (1).

La théorie la plus naïve et dont le simplisme

(1) Pour l'exposé des différentes théories, je suis L. H. E. KOHL-BRUGGE, *Die morphologische Abstammung des Menschen*, Stuttgart, 1908, qui constitue jusqu'à présent la meilleure étude critique de ces théories. J'utilise, en outre, pour l'appréciation des données plus récentes, spécialement l'abbé H. BREUIL, *Les plus anciennes races humaines connues*, Kain, Belgique, 1910, et mon propre travail : *Die Stellung der Pygmäenvölker in der Entwicklungsgeschichte des Menschen*. Stuttgart, 1910.

(On lira également avec profit : H. BREUIL, A. et J. BOUYSSONIE, frappe dès l'abord, est celle qu'a formulée Haeckel. Elle se rattache, par son principe fondamental, à celles de Huxley et de Wiedersheim. Haeckel se borne à ranger les animaux d'après le degré de leur évolution. Le tableau synoptique ainsi obtenu prend pour lui le caractère et la valeur d'un arbre généalogique. Il aboutit à la série suivante que nous reproduisons à partir seulement des Lémuriens, parce que c'est à cet endroit qu'elle commence de se révéler tout à fait fantastique.

Lémuriens

|

Catarrhiniens

|

Anthropoïdes

|

(Chimpanzès)

|

Homme.

Contre un pareil arbre généalogique, les objections les plus graves surgissent d'elles-mêmes. L'homme présente, par exemple, de

<hr>

Homme, dans le *Dictionnaire apologétique;* M. **Boule,** *L'homme fossile de La Chapelle-aux-Saints,* ch. vii et viii, qui sont plus à jour encore. T.).

nombreuses caractéristiques qui ne se rencontrent pas chez les singes anthropoïdes, et qui cependant n'ont pu être acquises plus tard, attendu qu'elles ne sont pas dans le sens de l'évolution supposée. Réciproquement les anthropoïdes et les catarrhiniens offrent des caractéristiques dont nulle trace n'apparaît chez l'homme, permettant de croire qu'il les ait jadis possédées. On peut citer à titre d'exemples : les caractères de la dentition, les callosités fessières, les abajoues, le double placenta chez les catarrhiniens. Aussi, c'est à peine si l'on pourrait citer un seul savant de marque qui accepte l'arbre généalogique de Haeckel.

G. Schwalbe a fait subir à cet arbre généalogique une modification qui paraissait particulièrement indiquée. Il en retranche les catarrhiniens, dont il fait des collatéraux éloignés de l'homme. On ne voit pas très bien, en revanche, quel sort il fait aux platyrrhiniens. Il regarde en outre les singes anthropomorphes actuels, non pas comme des ancêtres de l'homme, mais comme de simples parents en ligne collatérale. L'homme et eux auraient pour ancêtre commun un anthropoïde, dont l'existence est d'ailleurs purement hypothétique. Schwalbe remplit l'intervalle existant entre cet anthropoïde et l'homme avec le Pithécanthrope et son « Homo primigenius ». Il en résulte l'arbre généalogique que voici :

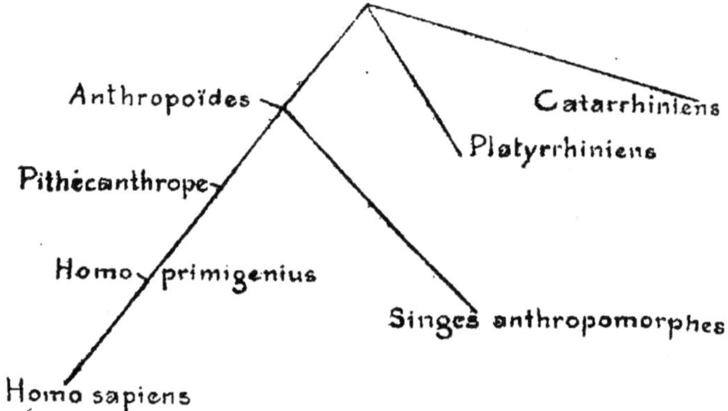

Sous le nom d' « Homo primigenius », Schwalbe désigne l'homme de Néanderthal, sur lequel ses minutieux travaux ont attiré de nouveau l'attention. Il y voit une espèce particulière du genre « homo », espèce qui n'aurait plus actuellement de représentants (1).

(1) Boule fait pareillement du type ou de la race de Néanderthal une « espèce » particulière du genre Homo (*op. cit.*, pp. 234 ss.), espèce archaïque et disparue. Sur quoi A. Bouyssonie remarque : « Hâtons-nous de dire que le mot *espèce*, dans la bouche d'un paléontologiste — surtout partisan de l'évolution — n'exclut en rien la parenté entre l'*homo neanderthalensis* et l'*homo sapiens*, pas plus, par exemple, qu'entre le chien et le

Se basant sur des données recueillies par un savant antérieur, Aeby, Kohlbrugge dresse un autre arbre généalogique. Il insiste sur ce fait que les Gibbons (Hylobates) et plus encore, certains singes de l'Amérique du Sud (le Chrysothrix en particulier, et aussi l'Ateles), en ce qui regarde précisément quelques-unes des caractéristiques les plus importantes de l'homme (hauteur du crâne, étroitesse de la face, forme allongée de l'occiput), se rapprochent beaucoup plus de ce dernier que les anthropoïdes. Il estime donc que l'arbre généalogique de l'homme doit laisser de côté les anthropoïdes et adopter la ligne des platyrrhiniens et des singes de l'Amérique du Sud.

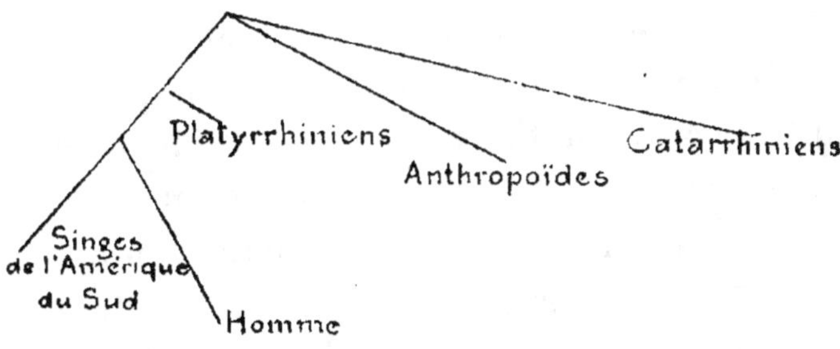

loup » (*Revue du Clergé français*, t. LXXIV (1913), p. 53). Même le polygénisme, vers lequel incline Boule, ne s'oppose pas absolument, dans l'hypothèse évolutionniste, à cette parenté, puisqu'il vise l'origine des *espèces* à l'intérieur d'un *genre* unique. T.

Tandis que tous les autres arbres généalogiques mentionnés jusqu'ici, partent des lémuriens, Hubrecht refuse de voir en eux la souche d'où l'homme est sorti. La raison qu'il en donne est que, chez eux, le placenta est amorphe et formé de chorion et non pas d'allantoïde, comme chez l'homme. Ils se rapprochent donc sur ce point des ongulés. Ils ont de même un proamnion, comme beaucoup de mammifères inférieurs. Par contre, les insectivores, comme les rongeurs, les chauves-souris, les singes et l'homme, ont un vrai placenta. Il regarde donc ces insectivores comme représentant le type primitif des mammifères, et il en fait le point de départ de son arbre généalogique. En ce qui concerne l'enveloppe embryonale, ils se rapprochent plus des anthropoïdes et de l'homme que des autres mammifères, y compris les prosimiens et les catarrhiniens. Il fait donc des anthropoïdes et de l'homme les descendants en ligne directe des insectivores de la période éocène, et, dans l'intervalle ainsi considérablement agrandi, il introduit, comme formes intermédiaires, les singes fossiles de l'Amérique du Sud, les singes actuels de la même région et tout spécialement

les tarsiers (Tarsius spectrum), qu'il sépare
des lémuriens.

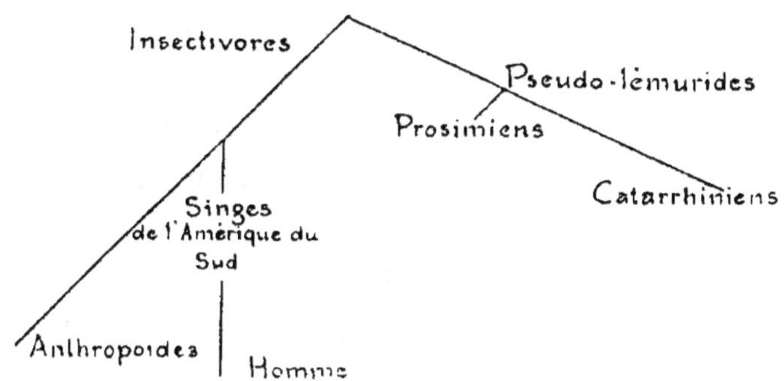

Antérieurement, Haacke avait déjà dressé
un arbre généalogique analogue. L'un et
l'autre, dans l'établissement de leur arbre
généalogique, ont pris pour principe, non plus
la similitude des formes extérieures, mais les
caractères embryonnaires, ce qui leur permet
de remonter à une période beaucoup plus
ancienne. Mais leurs constructions en deviennent de plus en plus hypothétiques, attendu
que les formes extra-utérines et existant de
fait, qu'ils ont pu trouver, sont trop peu nombreuses pour remplir l'immense intervalle qui
sépare l'homme de ses ancêtres présumés.

Klaatsch (1), dont les recherches retiennent

(1) Aux travaux signalés plus haut, il convient d'ajouter

plus spécialement l'attention en ce moment, remonte beaucoup plus haut encore, au delà de l'ère tertiaire et même de tout le mésozoïque. Il trace la descendance de l'homme à partir d'un groupe de vertébrés terrestres qui vivaient à l'ère paléozoïque. Ces vertébrés devaient posséder, en ce qui concerne les extrémités, tous les caractères des primates, avec cinq doigts à la main et au pied, et dont le premier pouvait être opposé aux autres. Comme spécimen et vestige de ces vertébrés, on peut citer le Chirotherium. Stratz s'est rallié à la théorie de Klaatsch. K. Snell, dès 1863, avait formulé des idées analogues. Klaatsch déclare nettement qu'on ne peut découvrir « dans les restes humains fossiles aucune ressemblance spécifiquement animale ». Cela ne l'empêche pourtant pas, comme Kohlbrugge l'a relevé, d'appeler l'attention avec insistance sur le crâne fuyant et sur l'arcade sourcilière proéminente des Australiens et de l'homme de Néanderthal, qui leur donnent une ressemblance avec le singe et donc avec

KLAATSCH, *Die Aurignac-Rasse und ihre Stellung in Stammbaum der Menschheit*, dans *Zeitschrift für Ethnologie*, 1910, pp. 513-577.

l'animal. Il y voit des preuves de leur caractère primitif et il regarde ces races comme les plus anciens types d'humanité que nous connaissions. Il est vrai que sur ce point il se montre finalement très hésitant et qu'il laisse entrevoir des velléités et plus que des velléités de se rapprocher d'une autre théorie, qu'il nous faut maintenant exposer (1).

C'est celle de Kollmann, avec laquelle les idées émises par Ranke, sauf en ce qui concerne les pygmées, présentent de très nombreux points de contact. Kollmann prend pour base, non plus les formes extra-utérines qui se rencontrent chez les sujets ayant réalisé leur croissance, mais les caractères que présente l'embryon. Il s'attache spécialement, parmi ces caractères embryonnaires, à la forme de la tête et il signale le fait que, chez le singe, le crâne de l'embryon (forme ronde,

____

(1) KLAATSCH a récemment expliqué (*op. cit.*, p. 566-567) son changement d'opinion en disant qu'il ne possédait pas alors, en fait de squelettes, la documentation nécessaire. Voici son sentiment actuel : « Il est désormais permis d'affirmer plus nettement que, dans les races humaines et chez les singes anthropoïdes, la petitesse de la taille, jointe à d'autres caractères primitifs, atteste l'importance morphologique toute spéciale de ces êtres, attendu qu'ils sont plus proches des origines que les races humaines ou simiennes de grande taille. »

brachycéphalie, partie faciale petite, partie cérébrale développée, ampleur du crâne) se rapproche beaucoup plus du crâne humain que celui de l'adulte. L'évolution du singe adulte ne peut donc avoir abouti à l'homme; elle a suivi une ligne divergente. L'homme doit se rattacher à des formes se rapprochant des caractères qu'offre le singe pendant la période embryonale. Kollmann lui-même ne cite aucune forme réelle de ce genre dans les régions supérieures du règne animal. Mais les théories exposées plus haut nous aident à conjecturer de quelles formes il peut être question, c'est-à-dire tout spécialement des singes de l'Amérique du sud. Kollmann pense aux chimpanzés; mais c'est de sa part une inconséquence. Les premières formes humaines issues de ces formes animales devaient présenter les caractères de l'enfance. Elles ne comportaient pas l'aplatissement du crâne, ni la saillie des arcades sourcilières, mais un front haut et bien conformé. La race de Néanderthal et les Australiens d'une part, les singes d'autre part, seraient des dégénérés par rapport à ces formes primitives, de même que le singe adulte se révèle inférieur par rapport à l'embryon. Les ressemblances existant entre la race de Néanderthal, les Australiens et les singes, représenteraient un phénomène de convergence, dont le caractère distinctif consisterait, d'après Klaatsch, en ce que « des faits physiologiques analogues aboutissent à rapprocher les uns des autres des êtres qui, au point de vue morphologique, se révèlent très différents ». Kollmann regarde les pygmées comme la plus ancienne forme humaine. Et comme, d'autre part, il reconnaît dans l'humanité actuelle quatre races principales : jaune, blanche, noire et rouge, il admet, pour chacune de ces races de haute taille, des ancêtres pygmées de même type. Il se trouve donc amené à chercher partout des traces de cet indispensable stade pygméen. Il s'applique d'abord, mais sans beaucoup de succès (E. Schmidt), à en découvrir à l'époque préhistorique. Il les cherche ensuite à travers les cinq parties du monde parmi les races encore existantes. Mais dans cette recherche, il fait preuve de la plus extrême fantaisie, faisant état, sans craindre de se mettre en opposition avec sa propre théorie, même des mésocéphales et des pygmoïdes. Mais tous les vrais Pygmées ont les cheveux crépus, ce qui suffit à réduire à néant son hypothèse relative à ces quatre races de Pygmées d'où seraient sorties les quatre races actuelles de haute stature (1).

(1) Sur le fait même de la descendance animale de l'homme, BOULE écrit : « En somme, les données acquises par l'anatomie, l'embryologie, la physiologie peuvent se résumer ainsi :

1° L'Homme est plus voisin des singes que des autres Mammifères, et plus voisin des singes anthropoïdes que des singes cynomorphes; mais il est très supérieur aux uns et aux autres, par le volume et l'organisation de son cerveau, c'est-à-dire par son intelligence.

2° Son développement ontogénique montre que ses divers systèmes et organes passent par des phases transitoires qui caractérisent l'état définitif des formes animales inférieures (ontogénie et phylogénie).

3° Les *anomalies* de ses divers systèmes anatomiques ne sont bien souvent que des réapparitions de traits morphologiques de ces types inférieurs et beaucoup d'*organes* dits *rudimentaires* ne peuvent s'expliquer que dans l'hypothèse de l'évolution; ils représentent des souvenirs d'états ancestraux.

Darwin a donc eu raison de dire, en terminant son livre sur *La Descendance de l'Homme*, que celui-ci « conserve encore, dans son système corporel, le cachet indélébile de son origine inférieure » (*op. cit.*, p. 253).

BOULE estime que seule la Paléontologie peut prétendre reconstituer les étapes évolutives du type humain, qu'elle est encore fort éloignée présentement de le pouvoir faire, mais qu'il n'est pas interdit d'espérer, si les découvertes de ces dernières années continuent de se multiplier, qu'elle y parviendra quelque jour, dans une large mesure à tout le moins. (Sur les lacunes de notre documentation paléontologique, on peut lire dans l'ouvrage de TH. DEPÉRET, *Transformations du monde animal*, Paris, 1907, le chapitre intitulé : *Incertitudes et déceptions de l'évolution paléontologique*). « En fait, écrit Boule, les découvertes du *Pithécanthrope* (qui, d'après lui, appartiendrait à une grande espèce du genre Gibbon ou à un genre voisin se rattachant à la

La diversité même des théories qui viennent d'être exposées, diversité allant souvent jusqu'à l'opposition, montre déjà avec toute la netteté possible que la thèse de la descendance animale de l'homme n'est ni certaine, ni même vraiment probable, ainsi qu'on voudrait fréquemment nous le faire croire. Le point précis, en tout cas, où la lignée proprement humaine aurait pris son commencement, demeure entouré d'une profonde obscurité. Nous sommes passés des platyrrhiniens aux lémuriens, puis aux insectivores, pour aboutir ensuite au type primitif des mammifères et finalement au prototype des vertébrés, sans que jamais, parmi ces milliers de formes, on puisse, de façon précise et catégorique, en désiguer une seule comme représentant l'ancêtre immédiat dont l'homme

même famille, et nullement à la lignée ancestrale du genre Homo), de l'*Eoanthropus* (type de Piltdown), de l'*Homo Heidelbergensis* (type de Mauer), pour ne citer que les plus importantes, nous mettent déjà en présence d'intermédiaires morphologiques entre les grands singes et les Hommes actuels. » Sans doute, comme le remarque Boule, intermédiaires morphologiques ne veut pas dire nécessairement intermédiaires généalogiques. Cependant il croit pouvoir proposer, à titre d'hypothèse et sous toutes réserves, l'idée d'insérer le rameau humain sur la branche des Catarrhiniens cynomorphes, à un niveau inférieur au point de divergence des anthropoïdes, ou même de descendre plus bas encore, jusqu'au tronc commun des singes. T.

serait issu. Il convient d'insister très fortement sur ce dernier point.

Il arrive fréquemment que les auteurs respectifs de ces diverses théories se répandent en considérations interminables, entremêlées de plaisanteries et agrémentées d'ironie, pour faire voir que les systèmes adverses ne sont nullement prouvés (1). Il suffirait de lire leurs livres pour que tout devienne clair désormais. La vérité est que toutes ces théories soulèvent de très fortes objections et renferment de graves lacunes. C'est ce que nous allons constater en étudiant de façon détaillée quelques-uns des éléments dont se

(1) Quelques phrases suffisent à Boule pour caractériser certaines tentatives prématurées de synthèse : « Il a paru, dans ces dernières années, et en tous pays, de nombreux travaux synthétiques sur un problème qui passionne de plus en plus les esprits éclairés. Les plus séduisants par la forme ne sont souvent qu'un tissu d'hypothèses. Presque tous ont le grave défaut de présenter des conclusions prématurées comme des faits acquis » (*op. cit.*, p. 251). Et un peu plus loin : « Les embryologistes ont voulu aller plus loin ; ils ont essayé de reconstituer les diverses étapes évolutives du type humain, en se basant sur le parallélisme de l'ontogénie et de la phylogénie. Haeckel s'est rendu célèbre par la hardiesse avec laquelle il a abordé et suivi cette voie qui l'a conduit à écrire son *Anthropogénie*. Si la tentative est des plus honorables, elle apparaît comme bien téméraire aux yeux surtout des paléontologistes qui savent, par l'histoire généalogique d'autres groupes zoologiques, combien il est facile de se tromper en essayant de telles reconstitutions, sans avoir les documents matériels suffisants » (*op. cit.*, p. 253). T.

compose ordinairement la « démonstration » de la descendance animale de l'homme, et en les soumettant à une critique attentive. Nous nous apercevrons en particulier que ces éléments revêtent dans les différents systèmes des significations opposées et qui se détruisent les unes les autres.

Occupons-nous d'abord des ressemblances que présente la structure du squelette chez l'homme et chez le singe. Rappelons, sans y insister, qu'à côté de ces ressemblances et leur faisant contre-poids, s'observent de nombreuses différences concernant la marche debout, la conformation du pied, la position du crâne et sa capacité, le rapport du crâne et de l'angle facial, etc. Mais, à ne considérer même que ces ressemblances, on ne saurait en conclure à la descendance simienne de l'homme. Les théories de Schwalbe, Aeby, Hubrecht, Haacke, Klaatsch, Ranke, Kollmann les interprètent tout aussi naturellement comme des phénomènes de parallélisme ou de convergence. Dans le premier cas, elles peuvent être tout au plus considérées comme la preuve que l'homme et le singe proviennent d'un ancêtre commun, mais fort éloigné. Dans le second cas, elles attestent simplement le progressif rapprochement de deux types différents par leur origine.

La parenté du sang entre l'homme et les singes anthropoïdes, que Friedenthal fut le premier à signaler, ne conduit pas à des résultats plus assurés. Cette parenté consiste en ce que le sang de l'homme entre autres ne décompose pas les globules rouges des singes anthropoïdes, comme il fait de ceux des cynocéphales. Mais, sans parler des très nombreuses clauses restrictives dont ces recherches continuent d'être embarrassées, et que les plus récentes expériences ont plutôt multipliées et renforcées, il s'agit, dans le cas, d'une ressemblance restreinte à la composition du sang et donc d'une parenté restreinte elle-même et partielle, nullement d'une parenté complète au sens de descendance. La ressemblance dans la composition du sang n'a rien de bien étonnant, étant donné la ressemblance qui existe dans la structure même du squelette. On y pourrait voir, tout aussi naturellement, comme pour cette dernière, un cas de parallélisme ou de convergence.

La découverte du Pithecanthropus erectus par E. Dubois, découverte autour de laquelle on a fait tant de bruit, n'a pas apporté davantage d'argument décisif à la théorie d'une descendance simienne de l'homme. D'après les recherches récemment effectuées par l'expédition Selenka, il serait tout à fait possible que le pithécanthrope ait continué de vivre à l'époque qui suivit l'apparition de l'homme, ce qui rend beaucoup plus difficile d'y voir l'ancêtre de l'homme. Le fémur indique assurément une marche debout. Mais il n'est pas absolument sûr qu'il appartienne au même individu que le fragment de crâne, dont l'énorme capacité (830 c^{m3}) est à coup sûr très remarquable. A tout cela viennent s'ajouter une quantité d'autres particularités dont la présence dissuade un grand nombre de savants, le plus grand nombre peut-être (Klaatsch, Alsberg, Bumüller, Hertwig, Kollmann, Ranke, Branca, Macnamara, etc.), de reconnaître dans le Pithécanthrope le chaînon, jusqu'ici manquant, susceptible de relier l'homme au singe. L'on aurait plutôt cette fois encore un phénomène de convergence tendant à rapprocher le singe de l'homme.

Mais le thème préféré de discussion a été

fourni, au cours de ces dernières années, par un certain nombre de squelettes humains préhistoriques, complets ou fragmentaires. Sur ce terrain aussi, les conclusions un peu précises, auxquelles on est en train d'aboutir, sont défavorables à la thèse d'une descendance simienne de l'homme. La discussion a été provoquée par le nouvel examen auquel G. Schwalbe a soumis les restes, connus depuis 50 ans et très diversement interprétés, de l'homme de Néanderthal, et tout spécialement sa calotte cranienne. Cet examen lui révéla un front tellement surbaissé et fuyant, une saillie osseuse de l'orbite tellement prononcée, qu'à son avis aucune race connue ne présente rien de pareil. L'incertitude qui subsiste touchant l'âge géologique de ces restes rend pareillement incertaine leur force probante. Mais Schwalbe pouvait établir la présence de caractères semblables sur les autres crânes préhistoriques, que leur provenance géologique nous fait apparaître comme les plus anciens que nous connaissions. Justement, au cours de ces deux dernières années, de nouvelles trouvailles du même genre se sont succédé quasi sans interruption, en France particulièrement, si bien que nous possédons à l'heure qu'il est, une imposante série de pièces justificatives. Voici les endroits où l'on a découvert jusqu'à ce jour ces précieux documents : Néanderthal, Prusse rhénane (calotte cranienne et fémurs); La Naulette, Belgique (mâchoire inférieure et os du bras); Arcy, France (mâchoire inférieure); Gibraltar (crâne, moins la mâchoire inférieure); Clichy, France (voûte cranienne, fémur, tibia, péroné); Marcilly, France (crâne); Bréchamp, France (crâne); Gourdan, France (mâchoire inférieure); Schipka, Balkan (partie du menton); Malarnaud, France (mâchoire inférieure); Isturitz, France (mâchoire inférieure); Puy-Moyen, France (trois mâchoires inférieures); Spy, Belgique (deux squelettes); La Chapelle-aux-Saints, France (un squelette); Le Moustier, France (un squelette); La Denise, France (fragments de crânes); Tilbury, Angleterre (divers fragments de squelette); Bury-Saint-Edmond, Angleterre (calotte cranienne); Taubach, Wurtemberg (deux dents); Krapina, Croatie (un squelette complet et des fragments de squelette); Mauer, Heidelberg, Bade (mâchoire inférieure) (1). Tous ces restes humains

(1) Comme découvertes plus récentes de restes humains fos-

présentent, à des degrés divers, les caractéristiques suivantes : front fuyant, arcades sourcilières proéminentes, orbites très grands et ronds, ouvertures nasales très larges, prognathisme, menton peu développé, dents fortes.

Schwalbe était d'avis que ces caractéristiques (celles qui intéressent le bas du visage ont été signalées tout d'abord non par lui, mais par Klaatsch) ne se rencontrent dans aucune race actuellement existante. Tous ces restes humains appartiendraient d'après lui à une espèce spéciale, à laquelle il donnait le nom d' « homo primigenius (1) ». Klaatsch fit entendre d'énergiques protestations. Il fit observer qu'on retrouvait ces caractères chez les Australiens actuels, certains d'entre eux même dans un degré encore plus élevé, ce que Schwalbe se vit contraint d'admettre. Klaatsch

siles se rattachant au type de Néanderthal, signalons : La Ferrassie, Dordogne (deux squelettes d'adultes, fragments de crâne d'enfant, deux squelettes d'enfants); La Quina, Charente (un squelette); cfr. Boule, *op. cit.*, p. 207 ss. Boule considère la mâchoire de Mauer comme appartenant à un type différent du type de Néanderthal, plus ancien que lui, et peut-être son ancêtre, l'*Homo Heidelbergensis*. T.

(1) Nous avons déjà dit que Boule était du même avis, sauf en ce qui regarde la mâchoire de Mauer. T.

repoussait aussi très catégoriquement l'appellation d'« homo primigenius (1) ». « L'appellation d'« homo primigenius » appliquée à l'homme de Néanderthal ne se justifie nullement. C'est une des désignations les plus malheureuses qui aient jamais été imaginées, et il faut espérer qu'on y renoncera. Il n'y a là rien de primitif, rien qu'on puisse placer aux origines de l'humanité. Ce prétendu « homo primigenius » représente un type déjà très évolué, par comparaison avec ces formes très inférieures que postule l'écart constaté entre le type australien, et l'homme de Néanderthal (2). » A partir de ce point, les vues de

(1) Boule rejette non moins catégoriquement l'appellation d'*Homo primigenius* : « Elle a d'abord, écrit-il, le très grave inconvénient d'affirmer ou de préjuger ce qui est certainement une erreur, car le type de Néanderthal ne saurait être considéré comme la forme tout à fait primitive du genre Homo » (*op. cit.*, p. 241). Ailleurs, il regarde comme possible que le type néanderthalien soit dérivé du type d'Heidelberg par une évolution, en partie peut-être pathologique. T.

(2) L'anthropologiste italien Sera et le paléontologiste anglais Keith estiment que certains caractères, à tout le moins, de l'*Homo neanderthalensis*, ont été produits, à l'origine, sous des influences physiologiques ou pathologiques et que ces caractères se sont ensuite fixés par hérédité. Le type néanderthalien ne serait donc ni primitif ni même spécifique, et représenterait la modification d'un type antérieur. Boule, qui rejette cette manière de voir comme insuffisamment démontrée, ne la tient cependant pas pour négligeable et semble même l'utiliser à certains moments et dans une certaine mesure. H. Breuil,

Klaatsch deviennent excessivement flottantes et incertaines. L'ensemble des caractères énumérés plus haut pourraient paraître rapprocher l'homme des singes anthropoïdes. Malgré cela, Klaatsch s'attache à l'idée que l'homme remonte à des formes situées beaucoup plus loin dans la série des êtres. Mais alors, d'où viennent les formes anthropoïdes en général?

Ces théories insistent sur ce que les particularités susdites caractérisent le type d'humanité que les données géologiques nous conduisent à regarder comme le plus ancien. Mais il n'en est rien. Elles s'observent *toujours* chez un grand nombre de tribus australiennes. Par contre, celles d'entre elles qui sont particulièrement inférieures ne se rencontrent pas sur les crânes de Galley Hill et de l'Olmo, qui appartiennent cependant à la même période géologique (1). La première de

J. et A. Bouyssonie font observer que les caractères néanderthaloïdes semblent aller en s'accusant à mesure que l'on avance vers la fin du moustérien (*Homme*, col. 472 s.). T.

(1) Il faut ajouter, d'une part, les deux squelettes négroïdes de Grimaldi, près de Menton (pléistocène moyen), dans lesquels Verneau a reconnu une race spéciale, la race de Grimaldi; d'autre part, le squelette d'Ipswich, Suffolk, Angleterre (antérieur aux alluvions pléistocènes); la calotte cranienne et le fragment

ces constatations prend une signification plus
précise encore, à raison de ce fait que les ca-

de mâchoire de Piltdown, Sussex, Angleterre (pléistocène inférieur). Boule tient pour suspectes, soit en ce qui regarde leur âge
géologique, soit en ce qui concerne leur état civil lui-même, les
découvertes de l'Olmo, Galley Hill, La Denise, Clichy, Grenelle
Ipswich, qui se rattachent toutes au même type humain. Mais,
d'après lui, la race de Grimaldi, au sujet de laquelle il fait remarquer qu'elle se rapproche beaucoup des Bochimans et des
Négrilles d'Afrique, peut être considérée comme contemporaine
de la race de Néanderthal, malgré qu'il attribue les squelettes
de Grimaldi au pléistocène supérieur. De même, la race de Cro-
Magnon, quoiqu'elle n'apparaisse dans nos régions qu'à la
période suivante, a chance d'être, à son avis, aussi ancienne
que celle de Néanderthal. Enfin il admet que le crâne de Piltdown est antérieur à tous les restes néanderthaliens découverts jusqu'à ce jour et contemporain de la mâchoire de Mauer.
Au sujet de la trouvaille de Piltdown, voici ce qu'écrit A. Bouyssonie à la date du 1er avril 1913 : « Mais voilà qu'on vient de
découvrir en Angleterre, à Piltdown-Common, paroisse de Flet-
ching (Sussex), des débris humains d'un tout autre aspect et d'une
bien plus haute antiquité (que les squelettes du type de Néanderthal). Ce sont un crâne (sans les os de la face) et une moitié
de mâchoire inférieure très mutilée, que M. Dawson a recueillis
dans des alluvions anciennes après de longues recherches com-
mencées en 1908. Le crâne a été reconstitué par le Dr Woodward,
directeur de la section géologique du British Museum, et présenté à la Société géologique de Londres, dans une grande
séance, le 18 décembre dernier. La découverte semble entourée
de toutes les garanties scientifiques qui en assurent l'authenticité. Voici ce qu'un éminent spécialiste, qui a examiné lui-même
ces restes, nous en écrit (je reproduis textuellement sa note) :
« Vu os humains de Piltdown ; très, très fossile, pas néandertha-
loïde, mais très primitif tout de même. Mandibule presque de
chimpanzé, crâne petit, bas, mais à front en façade, occiput
rond, capacité faible, cerveau plus primitif que La Chapelle-
aux-Saints; silex protochelléens (préchelléens de Common) »
(*Revue du Clergé français*, 1er avril 1913, p. 54 s.). A. Bouyssonie
ajoute plus loin : « Le crâne de Piltdown pourra apporter également une contribution importante à la théorie du R. P. Schmidt,

ractères dont il s'agit, sont particulièrement fréquents et accusés chez les tribus australiennes les plus récentes. De plus, on ne fait pas suffisamment attention que ceux de ces caractères qui intéressent la partie antérieure du crâne (front fuyant et saillie des arcades sourcilières), distinguent les sujets de sexe masculin et d'âge avancé. Or, sur les crânes préhistoriques aussi, ils sont d'autant plus accentués qu'il s'agit d'individus plus âgés.

De tout ceci, il résulte que ces deux derniers caractères pourraient fort bien n'être apparus qu'à une phase tardive de l'évolution et comme conséquence de l'âge. C'est ainsi que les choses se passent pour les singes anthropoïdes (voir p. 95 s. ce qui a été dit des particularités de leur stade embryonnaire). Elles ne sauraient donc rien nous apprendre de certain touchant la forme ancestrale, ni prouver non plus, et encore moins, quoi que ce soit touchant l'existence d'une connexion avec les anthropoïdes. Klaatsch reconnaît lui-même, et

le savant religieux qui dirige à Vienne (Autriche) la revue *Anthropos* et qui voit dans les négrilles la survivance d'un type humain très ancien » (*art. cité*, p. 56). T.

de plus en plus nettement, que ces deux caractères pourraient être d'origine secondaire (1). A la vérité, il maintient pour un certain nombre de cas leur caractère primaire. Mais je crois avoir montré dans mon ouvrage sur les Pygmées que c'était de sa part une inconséquence.

Il en va autrement pour les caractères intéressant la partie inférieure du crâne : prognathisme, larges ouvertures nasales, menton en retrait. Ce ne sont plus cette fois des signes caractéristiques de la vieillesse, mais plutôt, du moins en partie, de l'enfance. C'est le mérite de Klaatsch d'en avoir fait une étude attentive et d'avoir déterminé leur véritable signification. Il convient d'attirer l'attention sur ce que ces caractéristiques s'observent chez tous les peuples pygmées, qui, par contre, pour ce qui concerne la partie supérieure du crâne, présentent un front élevé et très bien conformé et des arcades sourcilières sans proéminence spéciale. Nous retrouvons ici la théorie embryologique sous la forme spéciale

(1) De même Sera et Keith, d'après Boule (*op. cit.*, pp. 245, 248, 265 s.), qui reconnaît lui-même que le crâne de Piltdown pourrait être considéré comme favorisant cette opinion. T.

que lui donnent Kollmann et Ranke et pour laquelle Klaatsch laisse voir une certaine préférence. D'après cette théorie, chaque homme au cours de son évolution reproduirait les phases jadis parcourues par l'évolution de l'humanité. Tout au début de l'évolution de l'espèce humaine, il faudrait placer des races offrant les caractères propres à l'enfance. À ces races primitives appartiendraient les Pygmées, ainsi qu'en témoignent leur petite taille, les proportions existant chez eux entre les membres (prédominance du tronc sur les extrémités), leur crâne élevé et une foule d'autres particularités (1). Il faut signaler, comme s'accordant parfaitement avec ces indices, le fait que, géographiquement, les Pygmées apparaissent partout comme les races les plus anciennes. Il en est de même au point de vue ethnologique, où l'état de leur civilisation matérielle et spirituelle les signale comme des primitifs entre tous les peuples de la terre, ainsi que nous le montrerons plus en dé-

---

(1) Les caractères physiques des Négrilles africains ont été récemment étudiés par le Dr. POUTRIN, dans l'*Anthropologie*, XXII, pp. 421-649; XXIII, pp. 849-415. Le Dr. Poutrin distingue, au point de vue anthropologique, les Négrilles africains des Négritos asiatiques. T.

tail en traitant de l'élément spirituel dans l'homme.

De toutes les théories évolutionnistes, c'est donc cette forme de la théorie embryologique qui apparaît comme la plus acceptable, relativement. Mais, indépendamment des multiples difficultés de détail qu'elle soulève toujours, il reste qu'elle ne parvient pas à faire la lumière sur le point précis où se serait effectuée la liaison entre l'homme et les formes antérieures et inférieures desquelles il serait issu. A supposer qu'on l'acceptât, deux grandes possibilités se laisseraient entrevoir. Ou bien l'homme serait issu d'une forme ancestrale à front bas, mais qui, au cours de son existence embryonale, présenterait un front élevé. Le caractère se serait maintenu chez l'homme après la naissance et se serait fixé. Mais il est clair que ce passage du front surbaissé au front élevé ne se serait pas produit par voie d'évolution lente, mais d'un seul coup et par une mutation soudaine au sens de De Vries. Dans cette hypothèse, on pourrait concevoir que l'homme soit issu d'une forme ancestrale voisine des singes anthropoïdes, par voie de mutation brusque, si les graves difficultés énoncées plus haut ne s'y opposaient. Ou bien l'homme serait issu d'une forme ancestrale possédant déjà, dans la phase extra-utérine, un crâne relativement élevé et auquel il aurait suffi d'un dernier et léger progrès pour réaliser la hauteur minima que requiert le crâne humain. L'évolution dans ce cas se serait accomplie par étapes insensibles. Mais l'homme se rattacherait alors à des formes beaucoup plus anciennes et les formes intermédiaires, que la paléontologie nous devrait révéler, manquent absolument. Dans l'un et l'autre de ces deux cas, une chose est claire. C'est que la caractéristique essentielle de l'homme, à savoir un front élevé, indiquant la présence d'un cerveau plus volumineux susceptible de devenir l'instrument de l'intelligence, serait apparue beaucoup plus vite au cours de l'évolution, que ne disparaissaient les caractères inférieurs affectant le bas du visage. L'on devrait donc conjecturer un état de l'humanité, où ces deux séries de caractères, les supérieurs et les inférieurs, coexistaient. Les races actuelles de Pygmées pourraient être considérées comme appartenant à cette phase de l'évolution de l'humanité.

Quoi qu'il en soit, même la théorie embryologique, qui de toutes les théories évolutionnistes est pourtant la plus acceptable relativement, soulève des difficultés si nombreuses et si graves que, à ne l'envisager que du seul point de vue scientifique, on ne peut la regarder que comme une hypothèse parmi d'autres hypothèses. Ajoutons que, si supérieure qu'apparaisse à beaucoup d'égards la théorie embryologique comparée aux autres théories de la descendance, le principe même sur lequel elle repose est susceptible d'une autre interprétation (1). Elle semble s'harmoniser tout aussi bien avec l'idée d'un plan génétique purement idéal, arrêté d'avance par la sagesse du Dieu créateur, et d'après lequel les diverses catégories d'êtres vivants auraient été produites au temps marqué et dans un

____

(1) La notion même d'ontogénie, qui est à la base de la théorie embryologique, a été l'objet d'un examen approfondi de la part de L. Vialleton dans ses *Éléments de morphologie des Vertébrés*, Paris, 1911 ; et de M. Caullery dans un article de la *Revue du Mois* (avril 1913) intitulé : *La phylogénie et les données actuelles de la biologie*. L'un et l'autre rejettent comme infiniment trop simpliste la formule classique d'Haeckel : « L'ontogénie (c'est-à-dire le développement de l'individu) est une récapitulation courte et rapide de la phylogénèse ou du développement du phylum auquel il appartient. » Ce serait beaucoup plus compliqué. T.

ordre déterminé par leur degré d'affinité mutuelle, sans descendre pour autant les unes des autres.

Il faut cependant reconnaître que pour le moment, les idées biogénétiques ne semblent pas devoir s'orienter dans cette direction. Il est de fait que pas un peut-être des anthropologues et des paléontologistes qui comptent, sans en excepter ceux qui sont catholiques, ne repousse absolument l'idée d'évolution, même appliquée à l'homme. Tous sont pareillement d'avis que les indices tendant à suggérer que l'homme descend de formes plus anciennes et inférieures, bien loin de voir avec le temps leur force diminuer, sont devenus, au cours de ces dix dernières années, et plus nombreux et plus significatifs. A la vérité, le poids de cet argument d'autorité se trouve diminué de façon appréciable, du fait que ces anthropologues et paléontologistes ne représentent nullement un bloc homogène, susceptible d'être placé tout entier et en une seule fois dans le plateau de la balance. L'idée qu'ils se font de la manière précise dont cette évolution se serait accomplie, accuse de notables divergences, à ce point que souvent les éléments essentiels de leur démonstration revêtent des significations opposées et vont jusqu'à se détruire mutuellement.

*
* *

Si nous sommes entré aussi avant dans l'examen des problèmes relatifs à l'origine du corps humain, ce n'est pas que le but principal de notre présente recherche nous en fît une nécessité absolue. Car, ainsi que nous l'avons spécifié au début de ce paragraphe, la question que nous étudions et qui porte uniquement sur l'aptitude des premiers hommes à recevoir une véritable révélation primitive émanant de Dieu, n'intéresse proprement et directement que leur condition spirituelle. Elle ne concerne leur état corporel que dans la mesure où un certain degré d'évolution organique est requis pour qu'une véritable activité intellectuelle soit possible. Or, à supposer même que nous devions nous représenter les premiers hommes sur le type de la race de Néanderthal, ou des Australiens ou des Pygmées (1), tels que les anthropologues nous

---

(1) H. BREUIL, A. et J. BOUYSSONIE apprécient en ces termes l'état psycho-physiologique de l'homme (néanderthalien) de La

7.

les décrivent, ils n'en seraient pas moins des hommes véritables, en possession de toutes les aptitudes spirituelles qui caractérisent l'homme. Touchant ce dernier point, nous possédons, comme nous le verrons plus loin, un si grand nombre de preuves directes et décisives que, dès maintenant, nous pouvons considérer comme résolue en fait, dans le sens de l'affirmative, la question de savoir si le

Chapelle-aux-Saints : « Il avait les centres moteurs et sensitifs fortement développés, par conséquent il pouvait avoir des mouvements puissants et prompts, des sensations nombreuses et subtiles. Au contraire, les centres intellectuels assez réduits correspondaient chez lui à une activité mentale restreinte, il faisait peu de philosophie, peu de science ; par suite, sa parole n'avait pas un champ étendu. Mais il n'y a de ce chef aucun motif de lui refuser la raison et la liberté. D'autre part, des arguments positifs permettent de lui attribuer la croyance à la causalité, à l'âme, à l'autre vie, au respect dû aux morts, c'est-à-dire tout un commencement de conceptions métaphysiques, morales et scientifiques. Son âme avait peut-être le niveau de celle d'un enfant de 10 à 15 ans qui aurait grandi sans éducation scolaire » (*Homme*, col. 472). Les auteurs signalent et nous-même nous avons signalé plus haut le caractère extrêmement précaire de ces sortes de conjectures. Plus loin, les mêmes auteurs observent : « Si on pouvait penser que l'homme chelléen de nos contrées (type de l'Olmo, Tilbury, Galley Hill, certains crânes de Krapina, etc.), se rattache de très près au premier homme, on en conclurait que le type humain primitif était plus voisin de l'homme actuel (*Homo sapiens*) que celui de La Chapelle-aux-Saints (la découverte du crâne de Piltdown est venue accroître sensiblement la probabilité de cette hypothèse). On tirerait une conclusion analogue de l'étude des négritos et négrilles actuels, qui sont des types très primitifs et cependant très harmonieux et pas du tout néanderthaloïdes » (*Homme*, col. 473). T.

corps de ce « premier homme » avait atteint le degré d'évolution requis pour être vraiment un corps humain. Nous verrons aussi que la préhistoire et l'ethnologie, nos deux guides, non seulement n'ont aucune difficulté à élever contre la thèse affirmant l'aptitude des plus anciens hommes connus à recevoir une révélation primitive, mais qu'elles la confirment au contraire de façon positive et en bien des manières.

Ce qui nous imposait malgré tout l'obligation d'entreprendre une étude détaillée du problème relatif à la condition corporelle des premiers hommes, c'est le fait, accidentel par rapport au thème principal de ce paragraphe, mais important en lui-même, que la révélation primitive nous présente un récit de la création du premier homme. En effet, une contradiction quelconque relevée entre les conclusions scientifiques certaines et les données de la Bible tournerait infailliblement au discrédit de cette dernière et de toute la révélation primitive. Mais la nécessité même où nous nous sommes trouvé de nous étendre si longuement sur l'état présent des connaissances scientifiques en cette matière, suffirait

à prouver qu'il ne saurait être question d'une
vérité certaine, laquelle par nature est unique
et qu'il s'agit simplement d'hypothèses multiples, dont la certitude diminue à proportion
que leur nombre s'accroît.

B. — *Les données de la Sainte Écriture sur l'origine du corps humain.*

Tandis que le premier chapitre de la Genèse rapporte simplement le fait de la création
de nos premiers parents par Dieu, le récit du
paradis, au chapitre deuxième, y ajoute des
données plus précises relatives à la façon
dont se fit cette création. Bien plus, il le
fait sous une forme telle que nous ne pouvons
douter que ces données n'appartiennent vraiment à la révélation primitive, c'est-à-dire ne
fassent partie des vérités révélées par Dieu
lui-même au premier homme. Cette remarque
vaut tout d'abord pour la création d'Adam.
En effet, lorsque Dieu porte contre Adam la
sentence qu'il a méritée, il lui adresse la
parole en ces termes : « Tu gagneras ton
pain à la sueur de ton visage, jusqu'à ce que
tu retournes à la terre d'où tu as été tiré;

car tu es poussière et tu retourneras en poussière » (*Genèse*, iii, 19). Or un pareil langage, tenu à Adam qui n'avait pas encore vu de cadavre humain tomber en poussière, ne peut s'expliquer que comme une allusion à des communications antérieures faites à l'homme par Dieu touchant la manière dont il avait été créé. Que les particularités de la création d'Ève aient été pareillement portées, de façon ou d'autre, à la connaissance d'Adam, c'est ce qui ressort de son exclamation même : « Celle-ci cette fois est chair de ma chair et os de mes os », exclamation qui, avec l'idée qu'elle traduit, représente manifestement le but que voulait atteindre, par toute cette mise en scène, l'admirable pédagogie divine.

Il est dit dans le décret de la Commission biblique du 30 juin 1909 que « l'intention de l'auteur sacré, en écrivant le premier chapitre de la Genèse, n'était pas d'exposer, en langage scientifique, l'intime constitution des choses visibles et l'ordre de la création ; mais plutôt de communiquer à sa nation une connaissance populaire, dans les termes que comportait le langage courant de l'époque, et proportionnée aux idées et à la capacité intellectuelle des gens ». Naturellement cette remarque vaut aussi, *mutatis mutandis,* pour le deuxième chapitre de la Genèse, où l'on nous rapporte, de façon plus précise, les circonstances de la création de l'homme. Là non plus, nous ne devons pas chercher un exposé scientifique du processus de la création. Le récit, quant à ses détails, est dominé par une préoccupation pédagogique. Le trait d'Adam formé de la poussière de la terre fournit l'occasion de rappeler combien fragile et combien périssable est la vie qu'il possède. Celui d'Ève formée d'une côte d'Adam doit traduire la relation d'égalité et d'étroite solidarité qui existe entre l'homme et sa compagne.

Ce langage « populaire », dont parle le décret de la Commission biblique, nous est rendu manifeste, et avec une particulière clarté, par les anthropomorphismes plus ou moins accentués, dont s'enveloppe souvent le sens véritable des propositions. Relativement à l'un des passages qui nous intéressent ici, presque tous les commentateurs sont d'avis que la formule : « formavit ex limo terræ », c'est-à-dire : « il le façonna du limon de la terre », ne doit pas s'entendre en ce sens que

Dieu, à la façon d'un potier, aurait pétri de ses mains, successivement, les différentes parties du corps humain dans une masse d'argile. Saint Augustin qualifie même cette interprétation de « conception par trop enfantine », « nimium puerilis cogitatio ». Nous n'avons là qu'une façon imagée de rendre la réalité. Il faut préciser que cet anthropomorphisme n'affecte pas seulement la formule : « il façonna », et donc, la seule action ou la seule personne de l'agent. Il peut intéresser aussi l'objet même ou la matière de cette action, puisque aussi bien il est impossible de traduire en termes imagés l'action même du Créateur, sans traiter de la même manière l'objet de cette action. Il va de soi que cette matière de l'action divine, pour laquelle il fallait trouver une expression concrète et susceptible d'éveiller des idées familières, ne pouvait aucunement être présentée comme le corps préexistant d'un animal, au sens de la doctrine évolutionniste. C'eût été le meilleur moyen de se rendre inintelligible aux hommes de ce temps-là et donc, juste le résultat contraire de celui qu'on prétendait obtenir.

Touchant la question de savoir quand et

dans quelle mesure un passage de l'Écriture peut être jugé présenter un caractère anthropomorphique et, par suite, comporter un autre sens que le sens apparent, un sens réel qu'il faut rechercher, le décret donne les règles que voici : « … lorsque ce caractère anthropomorphique est manifeste, et que la raison s'oppose à ce que l'on s'en tienne au sens matériel, ou que la nécessité contraint de l'abandonner. » La plupart des théologiens, après saint Thomas d'Aquin, donnent à cette règle une extension assez large, et tout spécialement en ce qui concerne la création du corps de l'homme (1). Ils admettent que la création du corps humain ne doit pas être conçue comme une action ayant comporté des moments successifs et une durée mesurable, et qui aurait précédé dans le temps la création de l'âme. Le corps humain aurait été créé instantanément et dans le moment même où l'âme lui était infusée. Cette doctrine est formulée en fonction d'une question qu'ils se sont posée et qui consistait à se demander comment l'on devrait proprement se représenter le corps, au cas où Dieu l'aurait créé avant l'âme. Ils écartent l'idée d'une

(1) *Summa theologica*, Iᵃ Pars, quaestio 91, art. 4.

simple figure d'argile. Faudrait-il le concevoir comme un être de chair et d'os? Mais, dans cette hypothèse, était-il mort ou vivant? La première alternative est écartée, à savoir qu'il était mort. Mais si l'on retient la seconde, quel était le principe qui vivifiait cet organisme? Ce ne pouvait être une âme humaine intelligente, puisque par hypothèse sa création serait postérieure. Une âme animale? Non, et, à l'occasion, ils repoussent la théorie évolutionniste. Quelques auteurs se demandent encore si cet organisme n'aurait pas été un embryon, analogue à ce qu'est l'embryon dans le sein de sa mère avant l'animation. A leur point de vue, cette question se justifie parfaitement. C'est, en effet, une doctrine commune parmi les scolastiques et acceptée de saint Thomas d'Aquin, que le fœtus, dans le premier stade de son évolution, ne possède qu'une âme végétative (1). L'âme sensitive apparaît plus tard et ce n'est qu'au dernier stade qu'apparaît l'âme intellectuelle. Et cette substitution se produit de telle façon qu'une âme chasse l'autre. Mais cette hypothèse, d'après laquelle le

---

(1) WASMANN, *Die moderne Biologie und Entwicklungstheorie,* Fribourg-en-Brisgau, 1905.

corps humain aurait tout d'abord été un embryon, est rejetée à son tour. En fin de compte, toutes les autres voies se trouvant fermées, il faut bien en venir à cette solution que l'âme et le corps ont été créés simultanément et instantanément.

Cette façon d'envisager les choses est instructive à un double point de vue. Elle nous montre jusqu'où l'on peut s'écarter du sens littéral et obvie d'un texte, qui, dans le cas, imposait manifestement l'idée d'une création successive, et cela pour des raisons d'ordre purement interne. Elle nous fait voir, en second lieu et de façon concrète, dans quelle large mesure des considérations exclusivement philosophiques ou empruntées aux sciences naturelles et donc, dans l'un et l'autre cas, d'ordre essentiellement profane, peuvent influencer la solution d'une question exégétique. Il en résulte naturellement que cette solution est, jusqu'à un certain point, solidaire des idées philosophiques et scientifiques du temps. Le changement survenu dans les idées scientifiques peut donc faire sentir son influence sur la façon de traiter le sens obvie d'un texte. Car, si, à un moment donné, les idées scientifiques sont telles qu'elles ne permettent même pas de soupçonner l'existence de quelque donnée, il est bien évident que nul exégète, tandis qu'il s'applique à déterminer le sens d'un texte, n'aura la possibilité d'envisager cette donnée et, éventuellement, d'en tenir compte.

Il convient de prendre ces faits en considération dans une certaine mesure, lorsqu'il s'agit de préciser le degré d'autorité auquel peut prétendre le sentiment des Saints Pères et des anciens commentateurs, qui interprètent communément le passage du deuxième chapitre de la Genèse relatif à la création de l'homme, dans un sens tout à fait étranger à la théorie évolutionniste et comme impliquant la création immédiate du corps humain par Dieu. De leur temps, la doctrine moderne de l'évolution, sous quelque forme que ce soit, était inconnue. En revanche, ainsi que nous l'avons déjà fait remarquer, l'idée de la constance des espèces, qui dans ce temps-là était la doctrine commune, impliquait pour chacune d'elles, et donc aussi pour l'homme, une intervention créatrice spéciale. Dans ces conditions, il est bien évident qu'ils ne pouvaient interpréter le texte dont il s'agit, autrement qu'ils ne l'ont fait.

Depuis l'apparition de la théorie évolutionniste, l'idée s'est répandue qu'il était philosophiquement et scientifiquement possible de concevoir autrement l'origine de l'homme. Cependant l'interprétation de ce texte parmi les exégètes catholiques récents n'en a été que peu influencée. L'on constate simplement qu'un plus grand nombre d'entre eux reconnaissent que les passages relatifs à la création d'Adam, si on les considère en eux-mêmes, n'impliquent pas nécessairement l'idée d'une création immédiate par Dieu. On fait remarquer que si la *Genèse,* II, 14 dit, en parlant des animaux, qu'ils ont été formés de la terre, la même *Genèse,* I, 24 (ou 20) s'exprime différemment et traduit en ces termes l'ordre créateur : « que la terre (ou l'eau) fasse sortir les êtres animés ». Mais si l'on accorde que la Bible laisse subsister la possibilité d'une évolution pour les animaux, et c'est ce que font déjà un très grand nombre de savants catholiques, le simple fait que la Genèse, en parlant du corps de l'homme, dit : « Il le forma de terre », ne saurait être considéré comme s'opposant de façon absolue à ce que l'idée d'évolution lui soit appliquée. Il en va de même pour le passage de la *Genèse*, iii, 19 : « ... jusqu'à ce que tu retournes à la terre d'où tu as été tiré ; car tu es poussière et tu retourneras en poussière. » Le fait que les animaux eux aussi retournent à la terre d'où ils ont été tirés, n'entraîne nullement, comme conséquence scientifique, que, lors de leur apparition, ils ont été « formés » de cette « poussière » par une action immédiate de Dieu. Or cette remarque vaut pareillement pour l'homme. La formule dont il s'agit ne détermine qu'une chose, et c'est la matière dont sont faits en dernière analyse le corps de l'homme et celui des animaux. Les principes qui les constituent sont, en effet, ceux-là mêmes qui se retrouvent dans la matière inorganique dont la terre est faite, dans la « poussière ».

Il semble que le décret précité de la Commission biblique n'ait pas entendu exclure cette interprétation des textes bibliques relatifs à la création de l'homme, lorsqu'il exige que l'on s'attache au sens littéral historique du récit en ce qui regarde « la création spéciale de l'homme ». Car c'est à dessein, sans nul doute, qu'il évite de dire « la création spéciale du *corps* de l'homme ». La création spéciale de l'homme, c'est-à-dire sa création par un acte distinct, indépendant de celle des autres êtres et en particulier des animaux, subsisterait tout entière, même dans l'hypothèse où l'âme seule aurait été créée et infusée au corps par un acte créateur spécial. Car c'est seulement à ce moment-là que l'homme, comme tel, aurait commencé d'exister.

Depuis l'apparition de la doctrine évolutionniste, disions-nous, l'exégèse catholique s'est peu écartée, en somme, de l'interprétation ancienne et traditionnelle. Cela se comprend parfaitement, psychologiquement parlant, après toutes les exagérations et les applications abusives dont tant de théoriciens de l'évolution se sont rendus coupables. Cette attitude se justifie aussi, dans une large mesure, au point de vue proprement scientifique et logique, si l'on considère que les sciences profanes n'ont pu jusqu'ici rien nous offrir de certain, et que, de plus, les savants les plus sérieux eux-mêmes professent des opinions différentes et contradictoires.

Cependant l'on est bien obligé de constater que, parmi les savants compétents, géologues, paléontologistes, anthropologues, il ne s'en rencontre peut-être plus un seul qui, dans l'état actuel de nos connaissances, croie pouvoir rejeter de façon absolue l'idée d'évolution, mais qu'au contraire, ils inclinent tous, plus ou moins, à la prendre en considération (1). Il convient de remarquer aussi que le récit biblique n'entend pas, semble-t-il, nous donner, sur ce sujet, un enseignement scientifique quelconque. Dans ces conditions, il est permis de se demander s'il est bon et conforme à la prudence de continuer à interpréter ce récit exclusivement en fonction d'une seule conception scientifique,

(1) A propos de la découverte du crâne de Piltdown, A. Bouyssonie écrit : « ... Cette découverte ne fait que confirmer ce que je disais sur « l'existence, dès les temps les plus reculés, de races très différenciées, plus différenciées même que les races actuelles ». Elle rend de l'actualité à la remarque que j'ajoutais : cette différenciation profonde prouve la grande plasticité de l'humanité primitive, à moins que l'on ne renonce à l'unité de l'espèce humaine, ce qui a des conséquences graves au point de vue de la foi. Pour éviter ces conséquences, il faut admettre le principe même de l'évolutionnisme : les êtres vivants, aujourd'hui *fixés*, étaient primitivement d'une plasticité très grande et à laquelle on ne peut assigner aucune limite précise » (*Mauvaises munitions, Revue du Clergé français*, 1ᵉʳ avril 1913, p. 65 s.). T.

à savoir de celle qui écarte l'hypothèse évolutionniste et s'attache à l'idée de la constance des espèces. Il peut être intéressant d'entendre sur ce point le sentiment d'un adversaire aussi résolu de la théorie évolutionniste que l'est le Dr Schmitt. Il écrit : « Au reste, il est nécessaire de remarquer que l'auteur biblique n'a pas l'intention de nous enseigner quoi que ce soit touchant la manière précise dont le corps humain a été formé et que la question de savoir si l'on ne pourrait pas envisager l'hypothèse d'une évolution progressive est fort loin de son esprit. Dans ces conditions, nous ne pouvons guère prétendre trouver dans le récit biblique, sur cette question, une solution divinement révélée. Le récit biblique nous apprend que les organismes tirent leur origine de la terre et donc sont terrestres. Pour l'homme, s'il possède un corps et une vie corporelle analogues, en bien des points, à ceux des animaux, il possède en outre une vie plus élevée, spirituelle. Et cette vie spirituelle trouve sa source et sa mesure propres dans un principe que Dieu a infusé au corps humain et qui ne se trouvait pas contenu dans les forces de la nature. Manifestement la Bible ne nous dit rien de plus (1). »

A supposer même que les sciences naturelles parviennent quelque jour à nous fournir une démonstration certaine de la théorie évolutionniste, et qui ne laisse place désormais à aucune sorte de doute, il est bien évident que l'exégèse la plus perspicace ne découvrira jamais dans le récit biblique quoi que ce soit qui puisse constituer une confirmation positive de cette théorie. Il est impossible d'apercevoir dans le texte biblique un sens réel quelconque qui soit propre à remplir ce rôle. Mais s'il est vrai, comme l'écrit le Dr Schmitt, que l'on ne découvre « dans le récit biblique de la création (aucune) solution révélée par Dieu » touchant le problème en discussion, cela même devrait nous dissuader de donner au texte biblique une interprétation qui le rende solidaire, de façon positive et exclusive, de la théorie de la constance des espèces. Les sciences naturelles se trouveraient ainsi dans la nécessité de

_____

(1) Schmitt, *Der Ursprung des Menschen*, Fribourg-en-Brisgau, 1911, p. 113.

s'appliquer elles-mêmes à résoudre, par de persévérantes recherches, ce problème qui est de leur ressort.

Le Dr Schmitt repousse la suggestion de certains théologiens catholiques, Baum, (Engert) et Thöne, d'après lesquels il nous faudrait accepter, dès maintenant, la théorie évolutionniste dans son application au corps humain. En quoi il a parfaitement raison. Les conditions requises pour qu'il puisse être question de donner à cette théorie une adhésion positive, ne sont pas actuellement réalisées. Plus loin, Schmitt est amené à faire cette remarque : « Je déclare donc de nouveau qu'à mon sens, les résultats scientifiques acquis jusqu'ici ne nous mettent pas dans la situation de devoir admettre l'origine animale du corps humain. » Même sous la plume d'un adversaire aussi déclaré de la théorie évolutionniste que Schmitt, le « jusqu'ici » doit signifier quelque chose et marquer une réserve, si faible soit-elle. Et plus loin encore, nous le voyons faire cet aveu : « Si donc le sentiment, d'après lequel nulle liaison génétique n'existe, qui rattache le corps humain à l'animal, s'harmonise mieux avec les conceptions traditionnelles des théologiens et des exégètes que l'autre opinion (celle qui admet cette liaison génétique), cependant l'on ne saurait affirmer, comme l'a déjà montré Wasmann, que l'idée d'une évolution progressive est philosophiquement et théologiquement impossible. Mais nous ne pouvons lui reconnaître, au point de vue philosophique, une grande vraisemblance (1). » Nous sommes pareillement d'avis qu'au point de vue philosophique, on ne peut rien alléguer de positif en faveur de la théorie évolutionniste. En cette matière, la philosophie ne peut guère intervenir que comme moyen extérieur de contrôle. La solution positive appartient aux sciences naturelles. C'est ce que Schmitt semble admettre lui aussi, lorsqu'il écrit : « Lorsque les sciences naturelles nous apporteront une opinion concordante sur l'arbre généalogique de l'homme et que cette

____

(1) ID., *ibid.*, p. 113 ; cfr. p. 110 : « Nous n'avons à entrer ici dans l'étude de l'évolution du corps humain à partir de l'animal, qu'en tant qu'elle est la conséquence nécessaire de la théorie de la descendance et pour autant que cette théorie elle-même est scientifiquement prouvée ». (Cfr. TANQUEREY, *Synopsis theologiae dogmaticae specialis*, I 12ª, p. 331 ; VAN NOORT, *De Deo creatore* 2ª, p. 120. T.).

opinion, au lieu d'être déduite de l'anatomie et de l'embryologie comparées et d'un monisme naturaliste, aura pour base des trouvailles réelles, alors le théologien pourra et devra prendre en sérieuse considération la question de savoir si l'on doit accepter, en ce qui concerne du moins le corps humain, l'idée d'une descendance animale par voie d'évolution et examiner de quelle façon l'on pourrait mettre cette théorie d'accord avec les exigences de la philosophie et de la théologie. » Ainsi donc, tout résolument opposé qu'il soit, pour le moment, à la théorie évolutionniste, il n'ose pas déclarer impossible l'hypothèse que des découvertes puissent un jour être faites, qui soient susceptibles de fonder une opinion concordante touchant la généalogie de l'homme. Il aurait dû envisager la possibilité de trouvailles de ce genre, non seulement en paléontologie mais en ethnologie. Tous les autres paléontologistes (et ethnologues) catholiques de renom, comme Schmitt le reconnaît et comme nous l'avons dit nous-même, admettent cette possibilité, qu'ils estiment même quelques degrés plus haut que ne le fait Schmitt lui-même.

En faisant les considérations qui précèdent, nous n'avions en vue que le récit relatif à la création d'Adam.

Les choses se présentent autrement pour le récit de la création d'Ève. Seul parmi les anciens commentateurs, le cardinal Cajetan interprète l'épisode d'Ève formée de la côte d'Adam comme un pur symbole, auquel nulle réalité extérieure ne répondait, et dont toute la raison d'être était de rendre sensible l'égalité de nature entre Adam et Ève. Les exégètes catholiques plus récents ne se montrent généralement pas disposés à aller aussi loin. D'ailleurs, le décret de la Commission biblique impose expressément la conservation du sens littéral historique relativement à ce trait « de la première femme formée du premier homme ».

A la vérité, il convient de faire remarquer qu'un certain nombre de théologiens et dont plusieurs, Hoberg notamment, sont connus pour leurs tendances conservatrices, professent ce qu'on appelle l'hypothèse de la vision. Le processus entier de la création aurait été manifesté à l'homme, dans l'instant même de la création, par le moyen d'une vision disposée en vue de son instruction. La création d'Adam et celle d'Ève auraient été, en réalité, contemporaines, d'après Hoberg. Le récit spécial de la création d'Ève n'est pour lui qu'un « détail » détaché de la vision globale de la création (1). « La côte retirée du corps d'Adam et façonnée en femme, ne serait qu'un acte perçu au cours d'une vision et de caractère symbolique, destiné à former le point culminant de l'instruction du premier homme » (2). Se rattachant à cette théorie de la vision, une interprétation du récit relatif à la création d'Ève a été proposée, qui insiste particulièrement sur ceci que dans notre récit, c'est l'égalité spirituelle existant entre Ève et Adam qu'on veut inculquer bien plus que leur égalité corporelle. On aboutit ainsi à une exégèse qui, sans être positivement favorable à l'idée d'évolution, ne l'exclut pas non plus directement.

Mais, depuis la publication du décret de la Commission biblique sur le caractère historique des trois premiers chapitres de la Genèse, l'interprétation de Hoberg exige une mise au point. Même en faisant la part des

(1) HOBERG, *Genesis*, p. 33.
(2) ID., *ibid.*, p. 36.

anthropomorphismes et des traits symboliques, on ne peut se dispenser d'admettre que cette vision traduisait une réalité objective. Et cette réalité objective ne serait pas suffisamment définie, si l'on n'y faisait entrer cette donnée précise, retenue par la Commission : « la première femme (a été) formée du premier homme » (1).

(1) « Le cas de la formation du corps d'Ève, écrit H. LESÊTRE, est particulièrement intéressant à expliquer d'après la décision de la Commission. On ne peut plus supposer, avec le P. DE HUMMELAUER, *Genesis*, Paris, p. 149, que l'enlèvement de la côte d'Adam n'a eu lieu qu'en vision, puisque la Commission veut que le fait soit entendu dans le sens littéral historique. » (D'une certaine manière, et au point de vue purement formel et exégétique, l'interprétation de Hummelauer et de Hoberg peut être dite « littérale et historique », puisqu'ils admettent le caractère historique de la vision d'Adam et qu'ils en expliquent les différents éléments de façon littérale. A ce point de vue, leur opinion, que la Commission ne recense pas, d'ailleurs, parmi les théories qu'elle réprouve explicitement, diffère complètement de ces dernières. Aussi bien admettent-ils personnellement la formation spéciale et immédiate par Dieu du corps de la première femme. Ils négligent simplement ce trait de « la première femme formée du premier homme », dont la Commission affirme la réalité objective, historique.) « Mise à part la forme anthropomorphique du récit, poursuit Lesêtre, il reste que Dieu, par un acte de volonté toute-puissante, a fait qu'une partie du corps d'Adam, une côte » (cette dernière précision ne se trouve pas dans le texte même du décret, et il est permis de se demander si l'omission n'est pas volontaire et si elle n'est pas significative) « devint le corps de la première femme, sans nuire à l'intégrité du corps de l'homme, aussitôt complétée par Dieu. Adam a connu l'origine d'Ève, comme le montre sa réflexion : « Celle-ci est os de mes os et chair de ma chair. » Mais comme cette création a eu lieu

Il est naturellement difficile de découvrir comment l'on pourrait concilier avec cette interprétation du texte biblique une forme quelconque de la théorie évolutionniste, en ce qui concerne l'origine corporelle de la première femme.

Résumons, en terminant, tout cet exposé. Nous n'avons pu découvrir, dans les sciences profanes, aucune explication certaine de l'origine du corps humain. Nous avons constaté, en revanche, chez tous les savants compétents, une tendance à résoudre cette question dans le sens de l'idée évolutionniste. D'autre part, nous avons observé, chez presque tous les interprètes catholiques du récit de la création, une inclination encore plus marquée à résoudre cette question dans le sens opposé, en interprétant les textes bibliques qui s'y rapportent dans le sens, exclusive-

pendant son sommeil, il n'a pu la connaître que par vision ou par révélation directe. La décision de la Commission, en tenant compte de ses différents articles, n'exige point, semble-t-il, une explication plus littérale » (*Revue pratique d'apologétique*, X, 1 (1910), p. 111, note 1.)

A ceux qu'étonnerait ce mode de création si spécial et à première vue singulier, il peut être utile de rappeller ce qui a été dit, dans les pages qui précèdent, de son but pédagogique et de son caractère à la fois historique et symbolique.

ment, de la théorie de la constance des espèces. Il ne saurait pourtant être question de contradiction proprement dite entre ces deux groupes de savants, puisqu'il n'y a contradiction que là où s'opposent des affirmations données de part et d'autre pour certaines. Ce que l'on ne peut nier, c'est que nous sommes en présence de conceptions nettement divergentes (1). De telles divergences n'ont rien de surprenant, ni qui nous doive nécessairement troubler. Nous les voyons toujours se produire, dans l'histoire des sciences, aux époques de fermentation intellectuelle et de transition, surtout lorsqu'une idée nouvelle, jetée dans la circulation, n'a pas encore fait l'objet d'une élaboration complète.

A n'envisager que les facteurs purement humains, ces divergences ne disparaîtront qu'à la condition de pousser toujours plus loin les recherches. Il s'agit, bien entendu, de recherches pénétrantes, animées d'un véritable es-

(1) Tel est tout spécialement le cas en ce qui concerne l'origine de la première femme. Mais il faut remarquer que dans l'hypothèse évolutionniste, pour autant du moins qu'elle exclut ou ignore l'action de Dieu, l'apparition et la formation d'un premier couple, vraiment humain dans ses deux éléments, crée une spéciale et très grosse difficulté, qu'il ne suffit pas de ne point envisager pour la résoudre.

prit scientifique, qui ne négligent aucun point de vue et qui sachent résister aux engouements du jour, au risque même de réduire à néant des rêves brillants.

Par contre, des considérations sur la convenance de telle ou telle origine pour l'homme ne sont pas de nature à faire beaucoup avancer la question. Ces sortes de considérations peuvent faire impression dans tel ou tel cas, mais elles sont incapables de fournir une solution. Il est intéressant de voir se rencontrer sur ce point deux savants catholiques de grand mérite, dont l'un accepte et dont l'autre repousse l'application à l'homme du principe de l'évolution. Ils écartent l'un et l'autre le reproche, si souvent adressé pourtant aux partisans de la théorie évolutionniste, de rabaisser à l'excès les origines de la race humaine, en rappelant, et tout le monde est bien obligé de le reconnaître, par quelles humbles phases passe l'être humain au cours de son évolution individuelle.

Le distingué paléontologiste français H. Gaudry écrit : « Quel que doive être un jour son génie, un homme commence par être un vitellus microscopique, puis un blastoderme, puis un fœtus; ensuite, il vient au monde, sa sensibilité se manifeste, son activité augmente, et plus tard brille une lueur d'intelligence, qui grandit lentement : il y a donc apparition de forces nouvelles, car il est difficile de prétendre que les ovules contenus dans les ovaires de la mère, ou les animalcules spermatiques du père possèdent en eux un principe intellectuel. Un être qui pourra être un Raphaël, un saint Vincent de Paul, un Descartes, débute si simplement que tout d'abord il n'a pas les marques de l'humanité : il n'a que des caractères propres au règne animal. Chacun constate cela. Pourquoi n'admettrait-on pas que ce qui se passe de nos jours se soit passé autrefois? En quoi la difficulté d'établir la limite des phénomènes psychiques et matériels est-elle plus choquante, s'il s'agit des temps passés que s'il s'agit du temps présent (1). »

Le D* Gutberlet, le savant historien et philosophe, exprime des vues très voisines de celles par lesquelles débute la citation

---

(1) Cité d'après BREUIL, *Les plus anciennes races connues* (*Revue des Sciences philosophiques et théologiques*, III (1909), p. 256 s).

précédente : « On ne voit pas bien comment l'homme pourrait juger une origine animale plus humiliante qu'une évolution individuelle à partir de formes situées très au-dessous des organismes les plus inférieurs, puisqu'elles ne sont même pas capables d'une vie indépendante. Quand même notre race aurait traversé jadis, il y a des milliers d'années, les phases de l'évolution que chacun de nous doit traverser au cours de sa vie embryonale, cette évolution individuelle, au sujet de laquelle personne n'élève de contestation, n'en resterait pas moins autrement humiliante que celle de la race entière (1). »

Naturellement, ces considérations ne sauraient constituer une preuve en faveur d'une origine évolutionniste de l'homme. La solution scientifique d'une pareille question ne peut s'établir sur des impressions. Comme le dit plus loin Gutberlet, il y faut des raisons d'ordre intellectuel et scientifique.

Cette solution, nous pouvons l'attendre avec d'autant plus de tranquillité que la question relative à l'origine de l'âme, incomparable-

(1) C. Gutberlet, *Der Mensch*, Paderborn, 1911, 3ᵉ éd., p. 237-241.

ment plus importante pour nous, se trouve dès maintenant placée dans une si claire lumière, même au point de vue purement scientifique, que toute incertitude est exclue. Sur ce point la question est tranchée contre la théorie évolutionniste.

III

ORIGINE DE L'AME HUMAINE. CONDITION SPIRITUELLE DU PREMIER HOMME.

Ceux de ses partisans qui sont matérialistes ou imbus d'idées monistes étendent la théorie évolutionniste à l'âme humaine. Elle aussi proviendrait, par une lente évolution progressive, d'âmes animales antérieures. C'est là une extension abusive de l'idée d'évolution et une construction purement idéologique qui n'est nullement basée sur des faits précis et observés. Au contraire, plus se multipliaient, au cours de ces dernières années, les indices d'une descendance animale possible pour le corps humain, plus aussi s'accumulaient les preuves que, pour l'âme humaine, l'hypothèse d'une origine animale ne saurait être admise. Les choses en sont venues à ce point que, tandis qu'on ne peut produire jusqu'ici, en faveur de l'origine animale du corps humain, les preuves certaines et complètes qu'on est en droit d'exiger, des preuves évidemment décisives se trouvent réunies, dès maintenant, en quantité suffisante pour que l'on soit autorisé à rejeter l'idée d'une provenance animale de l'âme humaine.

Cette fois encore, nous prendrons pour guides les deux sciences qui nous renseignent sur le passé le plus reculé de l'humanité, la préhistoire et l'ethnologie. L'une et l'autre nous mettront à même de constater que, si loin que nous remontions, à la lumière des faits, dans l'histoire de l'humanité, l'homme y apparaît toujours en possession complète d'aptitudes spirituelles substantiellement identiques. Il suffira de grouper ces faits pour démontrer que le premier homme, quel qu'ait été d'ailleurs son degré d'évolution corporelle, se trouvait, au point de vue spirituel, dans un état qui le rendait capable de recevoir des révélations divines du genre de celles dont nous parlent les premiers chapitres de la Genèse. Nous verrons ensuite que, si ces faits ne constituent pas la démonstration historique directe de l'existence de cette révélation, — le document susceptible d'établir sa réalité historique, c'est l'Écriture elle-même —, ils nous révèlent néanmoins, avec une clarté parfaite, l'existence, à une phase extrêmement reculée de l'évolution humaine, d'un état tellement voisin de celui que nous décrit l'Écriture, qu'il est facile de se le représenter comme en étant sorti.

A. — *Les données de la préhistoire.*

La préhistoire, cette science qui étudie les vestiges des anciens hommes découverts dans le sein de la terre, ne nous fournit que de maigres renseignements sur l'état spirituel des premiers hommes. Il n'y a là rien qui nous doive surprendre, quand nous considérons la longue suite de millénaires écoulés depuis qu'ils ont disparu. Les chants et les hymnes que pouvaient chanter ces hommes préhistoriques, les légendes et les contes qu'ils se racontaient, les mythes qu'ils avaient créés, les proverbes qu'ils avaient sans doute élaborés, toutes ces choses qui se transmettaient de bouche en bouche et constituaient une vivante tradition, puisque naturellement il n'existait pas d'écriture en ces temps reculés, toutes ces choses se sont évanouies à l'heure même où se taisait la dernière bouche. Sur la conception qu'avaient ces hommes du monde et de la vie, sur leurs idées religieuses et morales, nulle information n'est venue jusqu'à nous. Cependant les plus anciennes trouvailles qui aient été faites, et qui nous reportent à des milliers et des milliers d'années en arrière, celles du Moustier et de La Ferrassie (Dordogne), de La Chapelle-aux-Saints (Corrèze), de Spy (Belgique), nous ont révélé, avec une entière certitude, que les cadavres n'étaient pas simplement jetés à l'écart et abandonnés à tous les hasards, qu'ils étaient au contraire soigneusement ensevelis. Ce fait et les objets qui étaient déposés dans les tombes et que nous y retrouvons, attestent clairement la croyance en une survie dans l'au-delà, de même que l'existence, entre ces hommes d'autrefois, de relations amicales et imprégnées de piété. Mais, en dehors de ces deux points, nous ignorons tout de leur organisation sociale et familiale, des rapports existants entre les parents et leurs enfants, entre conjoints, entre frères et sœurs, entre membres d'une même tribu.

Même la civilisation matérielle de ces temps, qui nous pourrait permettre d'entrevoir, comme dans un miroir, le degré général de leur civilisation spirituelle, ne nous est connue que par de trop maigres débris. On ne fait pas toujours assez attention au caractère extrêmement fragmentaire de ces restes qui nous en sont parvenus. Il est clair que seuls les objets en pierre, susceptibles de durer, se sont trouvés en état de résister, pendant des milliers d'années, à tant de causes de destruction. Tous les autres objets dont la matière était moins dure, tous les objets en bois, beaucoup d'objets faits de coquillages ou d'os, sont depuis longtemps détruits, alors qu'ils auraient pu nous révéler, dans des conditions plus favorables, l'habileté technique des premiers hommes. A. de Mortillet affirmait jadis que la période magdalénienne, la période solutréenne tout au plus, avaient vu les premiers commencements du travail de l'os. Mais l'abbé H. Breuil a montré qu'il les fallait reporter au présolutréen ou aurignacien (1).

(1) Cfr. DÉCHELETTE, *Manuel d'Archéologie préhistorique, celtique et gallo-romaine*, 1 *Archéologie préhistorique*, Paris, Picard, 1908, pp. 125 ss. Le Dr H. Martin a même découvert à La

En tout état de cause, nous devons franche- ment reconnaître que la civilisation matérielle des plus anciens hommes était loin d'avoir atteint un niveau élevé. Les objets, par exemple, découverts dans les couches inférieures du paléolithique et qui sont par suite les plus anciens de tous, sont très grossiers et peu maniables. Mais il serait radicalement faux d'en conclure sans plus au caractère inférieur de la vie spirituelle chez les hommes de cette époque. La culture matérielle exige, entre autres choses, pour pouvoir se développer, une habileté manuelle et technique qui ne peut s'acquérir qu'avec le temps. Le plus merveilleux génie lui-même, placé au début d'une évolution, ne produirait que des œuvres très imparfaites. Le Dr Klaatsch, médecin et naturaliste allemand, s'exprime en ces termes à propos des objets réunis au musée de Cologne : « L'homme primitif, notre ancêtre, doit être placé très haut. Il l'emporte, à beaucoup d'égards, par la vigueur de son individualité et par son courage dans la lutte, sur les épigones de la civilisation. »

Quina (moustérien) des os déjà ouvrés (DÉCHELETTE, *op. cit.*, p. 104 s.). T.

Du reste, l'outil le plus simple et le plus grossier que nous livrent les stations où les plus anciens hommes ont séjourné et travaillé, nous révèle la présence et l'action d'un esprit qui connaissait le rapport de cause à effet et qui savait le transposer en celui de moyen à fin. C'est dire que ces plus anciens hommes possédaient déjà le principe fondamental d'où sortiront les plus géniales découvertes ultérieures et la base inébranlable de tous les progrès que la civilisation réalisera dans la suite. Nul animal n'est parvenu à franchir ce Rubicon. Ce qu'on nous raconte des pierres et des haches avec lesquelles des singes, par exemple, repoussent, comme avec des armes, leurs agresseurs, se réduit régulièrement, lorsqu'on examine les choses de près, à ceci qu'ils saisissent, sans plan arrêté et sous le coup d'une vive excitation, ce qui leur tombe sous la main. Jamais l'animal n'utilise d'autres instruments que ses membres eux-mêmes qui se trouvent placés, grâce aux nerfs et aux muscles, sous la domination immédiate de l'instinct. Mais l'action de l'instinct cesse de s'exercer lorsqu'il s'agit d'objets appartenant au monde extérieur, qui ne sont plus sous l'influence directe du principe vital. Or, c'est à cette catégorie d'objets que sont empruntés les outils dont l'homme se sert. Pour l'homme, l'outil est un prolongement du bras. C'est un perfectionnement créé par lui des moyens d'action dont la nature l'a doté et qui lui permet d'exécuter des travaux de plus en plus considérables avec une dépense de forces toujours moindre. Dès la fin de la période paléolithique, nous le voyons produire des outils et des œuvres artistiques qui forcent notre admiration (1).

Si nous ajoutons qu'à tout le moins dans l'une des plus anciennes stations, à Taubach, près de Weimar, et probablement à Krapina, en Croatie, des traces s'observent qui attestent que les hommes de ces contrées connaissaient l'usage du feu, il nous faudra reconnaître que, dès ces tout premiers débuts, l'humanité était en possession de tous les éléments essentiels de la civilisation humaine. Elle se trouvait

(1) A partir de l'aurignacien (pléistocène supérieur), la race de Cro-Magnon, remarquablement douée au point de vue artistique, commence à développer une civilisation qui, à la période magdalénienne, devient brillante dans son ordre ; cfr. H. BREUIL, A. et J. BOUYSSONIE, *Homme*, col. 477 ss. ; DÉCHELETTE, *op. cit.*, pp. 111-168. T.

donc déjà dans une situation foncièrement différente de celles que nous peut offrir l'évolution animale.

Ainsi donc, malgré le caractère fragmentaire des documents dont elle dispose, la plus ancienne préhistoire, celle qui se rapporte au paléolithique ancien, nous fournit des preuves suffisantes pour que nous puissions poser hardiment la thèse suivante : Les plus anciens hommes qu'il nous soit possible d'atteindre se trouvaient déjà dans une condition telle qu'on n'en peut tirer aucune objection contre leur aptitude éventuelle à recevoir des révélations du genre de celles dont il est question aux premiers chapitres de la Genèse.

De certains caractères de la mâchoire inférieure et du palais observés sur des squelettes très anciens, quelques savants concluent que les êtres humains en question n'avaient pas encore l'usage de la parole et qu'il leur manquait une des facultés essentielles de l'humanité véritable. Mais il n'y a là qu'une tentative pour faire entrer enfin dans le domaine des réalités positives cet « homo alalus » de Haeckel, création artificielle et falote de fantastiques à prioris. H. Klaatsch, qui est cependant, en même temps qu'un savant autorisé, un chaud partisan de la théorie évolutionniste, fait bonne et prompte justice de cette prétention : « De ces particularités l'on ne saurait tirer aucune conclusion relativement à la faculté de parler ou d'autres semblables. L'on serait probablement tout aussi fondé d'après l'examen des os de nombreux Australiens (qui naturellement parlent des langues parfaitement constituées) à leur refuser le langage (1). »

B. — *Les données de l'ethnologie.*

a) Caractéristiques générales.

Plus abondants sont les renseignements que nous fournit sur les aptitudes spirituelles de l'homme primitif le second de nos guides, l'ethnologie. Elle nous met, en effet, sous les yeux, non plus des fragments d'un passé depuis longtemps enseveli, mais la vie complète, toujours subsistante, de ces peuples non-civilisés qui, comme nous l'avons déjà vu, per-

(1) KLAATSCH, *Kraniomorphologie und Kraniogeometrie* (*Archiv für Anthropologie*, N. F., VIII (1909), 1 et 2 Heft, p. 14).

pétuent au milieu de nous les conditions d'un lointain passé. Assez souvent, l'on nous décrit ces peuples comme se trouvant dans une situation toute proche de l'animalité, comme composés d'êtres privés, ou peu s'en faut, de langage et de vie spirituelle, et dépourvus de tout sentiment tant soit peu élevé, surtout dans la sphère religieuse et morale. De tels êtres, conclut-on, sont dans tous les cas incapables de recevoir une révélation surnaturelle et ce simple fait suffit à établir la fausseté du récit que nous lisons aux premiers chapitres de la Genèse.

Nous ne rechercherons pas ici dans quelle mesure ces jugements peuvent être produits ou influencés par des tendances antireligieuses. Une chose certaine, c'est qu'ils ont leur source dans les récits superficiels de voyageurs pressés, dans l'esprit et sous la plume desquels l'état effectivement peu élevé où se trouve chez ces peuples la civilisation extérieure et ce que peuvent présenter d'étrange beaucoup de leurs conceptions et de leurs usages, se sont combinés pour former une image synthétique un peu sommaire. Mais l'application foncièrement fausse de l'idée d'évolution à la vie des peuples, que l'on trouvait, jusqu'à ces tout derniers temps, même dans les ouvrages scientifiques d'ethnologie, où elle jouait le rôle de principe directeur, n'a pas moins contribué à la formation de ces jugements. D'après cette manière de concevoir les choses, il faudrait placer au début de l'évolution humaine tout ce qu'il y a de plus imparfait et de plus inférieur. Et ce sont les éléments de ce genre qu'on cherche, avant toute autre chose, dans le vaste champ des peuples non-civilisés pour les mettre ensuite, à peu près indistinctement, en un seul tas. Tout ce qu'on peut découvrir, dans ce domaine immense, de grossier, de mal venu, de stupide et d'étrange — faut-il faire remarquer qu'une bonne partie de tout cela se rencontre ailleurs que chez les peuples non-civilisés, — on le place au début de l'évolution humaine, et d'autant plus haut qu'il offre ces caractères à un degré plus marqué. Et à partir de là on dispose les degrés successifs d'une ascension régulière vers le plus parfait, le plus élevé, le plus noble, le plus intelligent. Puis, à cette marche ascendante on décerne le nom d'évolution humaine. Il n'y a pas lieu de s'étonner, dans ces conditions, si les débuts de l'humanité font l'impression d'être inférieurs, à peine humains, et qu'il faille du temps pour que les rayons lumineux de l'intelligence et de la civilisation pénètrent cet affreux chaos.

Mais de plus en plus une autre méthode se fraye sa voie. Elle s'attache tout d'abord à multiplier les laborieuses recherches de détail, particulièrement dans le domaine linguistique et dans celui de la civilisation matérielle. Puis, à l'aide des résultats ainsi obtenus, elle établit une série graduée de couches culturelles, en dehors de toute intervention d'appréciations subjectives. Et finalement, elle en déduit une marche de l'évolution humaine qui s'écarte étonnamment des constructions à priori de l'ancienne école (1).

Il apparaît que la civilisation matérielle a eu réellement d'humbles, simples et même pauvres commencements, encore que le feu sacré d'une intelligence vraiment humaine y brille déjà. Naturellement, l'évolution intellectuelle a pu tirer profit de cette activité civili-

____

(1) W. Schmidt, *Voies nouvelles en science comparée des religions et en sociologie comparée*, dans la *Revue des sciences philosophiques et théologiques*, V (1911), pp. 46-74. T.

satrice extérieure qui allait se développant toujours ; elle a pu gagner en habileté formelle ; elle a pu accumuler une quantité de connaissances particulières. Mais il n'existe pas de peuple, si primitif soit-il, qui ne présente, en toute réalité et vérité, une pensée et une activité spirituelles largement développées. Nous découvrons même qu'un certain temps après les premiers débuts de l'évolution des peuples, une zone commence à se former, dans laquelle une pensée d'allure irrégulière et procédant par bonds se met à développer jusqu'à une hauteur surprenante de singulières et étranges conceptions. De façon beaucoup plus étendue encore, nous voyons une évolution analogue et représentant une dégénérescence, envahir le domaine religieux et moral. Naturellement ce que nous trouvons au début de l'évolution, ce sont des formes d'une extrême et enfantine simplicité. Mais plus nous nous rapprochons de ce début lui-même, moins nous rencontrons d'absurdités et de déformations, plus nous découvrons d'éléments réellement purs et élevés. Toute cette complexité et toute cette richesse de plus en plus marquées, que nous offrent les périodes plus récentes, ne sauraient racheter cette intime dégradation que nous voyons progresser du même pas.

Cette description générale des premiers commencements des peuples, dont nous venons d'indiquer les grandes lignes, s'applique à l'ensemble des tribus Pygmées, Négrilles du centre africain, Andamanais, Semang de Malacca, Négritos des Philippines et, dans une certaine mesure, Bochimans, c'est-à-dire à ces races humaines de petite taille qui, d'après les plus récentes recherches, appartiendraient, ethnologiquement et aussi, semble-t-il, anthropologiquement, aux peuples les plus anciens que nous puissions atteindre, à ces peuples en qui l'on croit reconnaître les marques distinctives de l'enfance de l'humanité (1). Aux Pygmées se rattachent, sur beaucoup de points, ces tribus du sud-est australien et ces Tasmaniens, qui nous apparaissent comme la plus ancienne couche de ce groupe de peuples, lui-même très ancien, que sont les Australiens (2). Non pas que ces tribus pygmées et

---

(1) Cfr. W. Schmidt, *Die Stellung der Pygmäenvölker in der Entwicklungsgeschichte des Menschen*, Stuttgart, 1910. T.

(2) Cfr. W. Schmidt, *L'origine de l'idée de Dieu*, Vienne, 1910. T.

australiennes du sud-est perpétuent au milieu de nous, de façon complète et sans aucune altération, l'état des premiers hommes. Elles ont déjà, sans aucun doute, une évolution derrière elles et une évolution qui constitue une décadence. Mais entre tous les peuples qui vivent sur la surface du globe, ce sont elles qui, en beaucoup de points, se rapprochent relativement le plus des premiers hommes. Il est donc clair que si nous voulons demander à l'étude des hommes actuellement vivants de nous révéler l'état des premiers hommes, c'est, tout d'abord et avant tout, de ces tribus que nous devons partir. Et c'est ce que nous comptons faire ici. Les autres peuples non-civilisés et à plus forte raison les peuples civilisés nous présentent des types plus évolués et donc plus récents d'humanité. Nous ne nous en occuperons donc dans ce travail que là où ces types postérieurs doivent être pris eux aussi en considération.

Il est hors de doute que les aptitudes intellectuelles, chez toutes ces tribus primitives énumérées plus haut, ne sont nullement inférieures au point de vue formel à ce que nous trouvons chez les autres hommes. Les Négritos, les Semang, les Pygmées du centre africain, autant que nous sachions jusqu'ici, ont adopté la langue des tribus parmi lesquelles ils vivent. Les autres Pygmées ont leur langue à eux. Chacune de ces langues exprime des concepts généraux, avec ces concepts forme des jugements, qu'elle groupe de manière à constituer des raisonnements. Que la pensée de ces tribus offre un caractère logique et soit orientée vers la recherche des causes, c'est ce que suffiraient à prouver les outils, simples sans doute, mais construits en vue d'un but, qu'elles possèdent. C'est à elles, vraisemblablement, que l'on doit la création de la première arme à longue portée, l'arc et la flèche. Les Australiens emploient le boumerang qui, comme le fait remarquer Graebner, « trahit un haut degré d'habileté technique et d'activité intellectuelle ». Cette pensée purement associationiste, passant par-dessus toutes les règles de la causalité régulière, que nous trouvons à la base de la magie, est justement beaucoup moins développée chez ces tribus, qu'elle ne l'est dans certaines phases culturelles plus récentes, où elle se donne libre carrière. Il y a des savants qui mettent les

Pygmées au-dessus de beaucoup de peuples plus civilisés, en ce qui concerne la vivacité et la pénétration intellectuelles.

b) **Morale.**

Celui qui n'aurait appris à connaître les peuples non-civilisés que dans certains récits de voyages ou dans certains ouvrages d'ethnologie, où s'étalent, peintes en couleurs crues, la cruauté, l'immoralité, la grossièreté de ces peuples, serait étonné de ne rien trouver de tout cela, ou presque rien, chez ces tribus vraiment primitives, et d'y rencontrer en revanche de nombreux traits de moralité véritable et élevée (1).

Cette lutte pour la vie, sauvage et sans frein, que l'on s'attendrait à voir régner plus spécialement dans ces premiers commencements de l'évolution humaine, n'apparaît que sous des formes assez atténuées, ou même n'apparaît pas du tout. Les rixes, les blessures, les meurtres sont plus rares que nulle

---

(1) W. Schmidt, *Die Stellung der Pygmäenvölker;* idem, *L'origine de l'idée de Dieu.* Cfr. A. Lemonnyer, *La morale et la religion* Revue du Clergé français, LXXII (1912), pp. 257-286). T.

part ailleurs. Il semble même qu'à l'origine, les armes de combat à courte distance fussent inconnues. L'anthropophagie, aussi bien que la chasse à l'homme qui en est l'accompagnement ordinaire, font absolument défaut. Inconnus également sont les mutilations légales, les tortures corporelles ou les sacrifices humains. Inconnu enfin l'esclavage; la liberté est même, de tous les biens de l'individu, le plus aimé, celui auquel on ne porte atteinte nulle part.

La loi de la tribu est un altruisme développé qui se sacrifie soi-même, par exemple dans le partage des moyens de subsistance, pour assurer l'existence et améliorer la situation des moins favorisés. Cet altruisme se manifeste particulièrement au sein de la famille. Les parents témoignent à l'égard de leurs enfants amour et sollicitude et les enfants rendent à leurs parents amour et obéissance. La mise à mort des parents âgés, aussi bien que les pratiques abortives et l'infanticide, sont inconnus. Mais cet altruisme s'étend au delà des limites de la famille. On inculque aux enfants le devoir de l'assistance à l'égard des vieillards, des faibles, des veuves et des orphelins. Ils doivent pratiquer la bienveillance, l'amitié, la courtoisie, l'hospitalité. Il ne manque même pas de traits de dévouement et de sacrifice de soi.

Non seulement la notion de propriété est connue, mais les relations que nous possédons sur ces peuples sont unanimes à déclarer qu'ils sont d'une probité exemplaire. La rapine et le vol sont parmi eux des choses presque inconnues.

Ces peuples sont pareillement renommés pour leur amour de la vérité, leur loyauté, la sûreté de leur commerce. Il est de fait que le mensonge et la duplicité ne se rencontrent que rarement parmi eux.

Pour ce qui touche à la moralité sexuelle, il faut noter d'abord qu'ils ignorent toutes ces dépravations que l'on rencontre si souvent et en si grand nombre chez des peuples de culture plus avancée et même chez les peuples civilisés. Nulle part on ne nous parle d'orgies secrètes, tolérées ou même prescrites, au cours de fêtes et de danses nocturnes, ni de vices contre nature. Le sentiment de la pudeur existe et dans un degré assez élevé. Si les femmes sont vêtues partout et si les hommes le sont dans la plupart des tribus, c'est uniquement sous l'inspiration de la pudeur. Il est donc faux de prétendre, comme le font beaucoup d'ethnologues, que le vêtement est né de l'évolution de la parure. L'usage de ne porter de vêtements qu'à partir de la puberté doit être plutôt considéré comme la preuve sensible du rôle que joue en tout ceci la pudeur. Cette manière de faire semble même offrir une certaine analogie avec l'état de nudité de nos premiers parents avant qu'ils n'eussent acquis la science du bien et du mal. Pour ce qui regarde la chasteté avant le mariage, une certaine liberté règne, à la vérité, dans plusieurs tribus. Il en est cependant d'autres chez lesquelles elle est obligatoire et qui punissent les délinquants.

Dans le mariage, la fidélité est exigée pareillement du mari et de la femme. Lorsqu'un adultère se produit, ce qui est rare, il est puni sévèrement et souvent de mort, qu'il ait été commis par l'un ou par l'autre des conjoints. Le divorce par consentement mutuel est très rare lui aussi, et le mariage se rapproche beaucoup plus de l'idéal de l'indissolubilité que chez les peuples plus récents. La raison en est, pour une part, que le choix mutuel des fiancés avant le mariage se fait beaucoup plus librement et dans une dépendance moins absolue de la volonté des parents, que ce n'est souvent le cas au sein de civilisations plus avancées. Il en résulte que la mutuelle inclination se trouve plus à l'aise pour s'épanouir et que, de fait, elle se développe souvent. La monogamie est presque universelle. L'égalité de considération et l'égalité de droits dont jouissent l'homme et la femme, se manifestent à un haut degré dans toute une série d'institutions sociales, sans que pour cela la prééminence naturelle de l'homme au sein de la famille s'en trouve atteinte. Il est facile de voir que des hommes pourvus d'une pareille moralité trouvent en elle une préparation et un secours qui les disposent à recevoir parfaitement des révélations divines. Les révélations, en effet, exigent non seulement une intelligence ouverte, mais encore une volonté bien disposée et soumise et la pureté du cœur, pour atteindre complètement leur but.

c) Religion.

I. THÉORIES SUR L'ORIGINE DE LA RELIGION.

Tout ce que nous avons dit jusqu'ici n'avancerait en rien les choses, s'il demeurait possible d'établir, de quelque façon que ce soit, que les débuts de l'évolution humaine ont été caractérisés par l'absence de toute religion ou par des formes religieuses tout à fait inférieures et sans la moindre valeur rationnelle. L'existence d'une religion révélée, aussi élevée et aussi pure que celle que supposent les premiers chapitres de la Genèse, deviendrait par le fait même impossible. Depuis le commencement du xixe siècle surtout, l'on a essayé, par diverses voies, de prouver que telle a bien été l'origine de la religion. Toute une suite de théories s'y sont appliquées à tour de rôle. Si différentes qu'elles soient, et dans le détail et par leur caractère général, elles ont toutes plus ou moins ceci de commun qu'elles s'inspirent de cette application fausse et à priori de l'idée d'évolution que nous avons caractérisée plus haut. Si bien qu'elles se trouvent, pour une bonne part, réduites à l'impuissance par le simple fait du changement survenu récemment dans l'ethnologie et des méthodes plus rigoureuses qu'elle est en train d'adopter. Cependant, comme certaines de ces théories, du moins sur quelques points de détail, continuent de faire sentir leur influence, et que d'autres sont toujours en faveur dans des milieux étendus, il ne sera pas inutile de les exposer à grands traits (1).

La première de ces théories, celle de la mythologie naturiste, prit naissance sous l'influence d'une découverte linguistique, celle de la parenté existant entre les langues indo-européennes. Dans les mythes de ces peuples, le soleil, les nuages, les tempêtes, l'aurore et d'autres phénomènes de la nature jouent un rôle considérable. On entreprit d'expliquer l'origine de la religion en les prenant pour base. Les principaux représentants de cette école, que l'on appelle communément l'école philologique, sont W. Schwartz (1860), A. Kuhn (1865), M. Müller, M. Bréal, etc. Elle s'occupe exclusivement de peuples civilisés ou demi-civilisés, possédant des documents écrits, une littérature.

(1) Cfr. W. Schmidt, *L'origine de l'idée de Dieu.* T.

Mais les grands voyages de découvertes dans les diverses parties du globe se multipliant, l'intérêt se portait de plus en plus sur les peuples non-civilisés. D'autre part, Lyell et Boucher de Perthes introduisaient une plus juste appréciation de l'importance des peuples préhistoriques. Sous l'influence du darwinisme, qui commençait alors à se répandre, ces deux séries de données servirent à l'élaboration d'une théorie évolutionniste, qui voyait partout une marche ascendante du plus bas au plus élevé. Déjà A. Comte, le philosophe du positivisme, avait essayé d'expliquer l'origine de la religion en faisant appel à la notion d'évolution. Il distinguait dans l'évolution religieuse trois étapes nécessaires : fétichisme, polythéisme, monothéisme. Sous des formes nouvelles, cette conception va devenir classique, au cours de la période que nous voyons alors s'ouvrir, grâce surtout à l'entrée en scène de trois ethnologues anglais.

Celui des trois dont l'influence fut la moins considérable est J. Lubbock (Lord Avebury). Dans son ouvrage, publié en 1870 : *The Origin of civilisation and the primitive condition of mankind*, il se contenta d'ajouter de nouvelles phases à celles que A. Comte avait énumérées : athéisme, fétichisme, culte de la nature ou totémisme, idolâtrie ou anthropomorphisme, notion de Dieu créateur, union de la religion et de la morale. Plus grande fut l'autorité dont jouit H. Spencer et plus étendue l'action qu'il exerça. Dans ses *Principles of sociology*, 1876-1882, il entreprit d'établir que le culte de la divinité et donc la religion avaient leur source première dans la crainte des morts ou des mânes et dans le culte que cette crainte avait inspiré de leur rendre. D'où le nom de mânisme donné à sa théorie. Spencer avait rassemblé sans critique toutes sortes de matériaux et sa façon de les utiliser n'avait non plus rien de scientifique. Aussi, tandis que sa théorie trouvait accueil dans le grand public, les ethnologues de profession n'y ont-ils jamais attaché une bien grande importance.

E. B. Tylor a exercé une influence beaucoup plus profonde. La théorie qu'il exposait en 1872 dans son livre : *Primitive culture,* se répandit en tous pays parmi les ethnologues et les historiens des religions. De longues années durant, elle a été classique et elle n'a pas encore tout à fait cessé de l'être en beaucoup de milieux. Tylor rattache l'origine de la religion à la formation de la notion d'âme, d'où le nom d'animisme donné à sa théorie. L'idée d'âme serait née de l'observation de certains faits : le sommeil et la mort, les rêves et les visions. L'on en serait venu, dans la suite, à attribuer une âme à tous les êtres indistinctement, vivants ou non. Les âmes séparées des défunts fournirent la notion d'esprit pur. Cet esprit était conçu comme pouvant s'unir à volonté à d'autres êtres. C'est sous l'influence de ces idées que les différents phénomènes de la nature donnèrent naissance aux « dieux ». Du polythéisme ainsi formé, sortit le monothéisme par des évolutions diverses. Dans aucun cas, le monothéisme ne se trouve au début de l'évolution religieuse; il en est l'aboutissement final.

A côté de cette théorie animiste, le totémisme où R. Smith et S. Reinach (É. Durkheim) ont voulu voir la plus ancienne forme religieuse, n'a jamais eu qu'une importance secondaire. Par totémisme, on entend la pratique de témoigner des égards spéciaux ou de rendre un culte à des objets naturels, plus spécialement à des animaux, ou, quoiqu'un peu moins souvent, à des plantes, que l'on ne doit ni tuer, ni manger. Les spécialistes de la philologie indo-européenne, qui comptaient jadis parmi les principaux représentants de la mythologie naturiste, se rallièrent de plus en plus à l'animisme avec W. Schwartz, W. Mannhardt, E. Rohde, H. Usener. Il se répandit pareillement parmi les sémitisants, qui l'appliquèrent surtout à l'interprétation de la religion de l'Ancien Testament avec Stade, Schwally et Wellhausen. Le mouvement panbabyloniste, tendant à présenter le culte astral de la Babylonie comme la plus ancienne forme religieuse, et dont Winckler, Stucken et Jeremias furent les promoteurs, ne représente qu'une réaction insuffisante contre l'engouement animiste.

L'américain J. H. King éleva, dès 1892, dans son ouvrage : *The supernatural, its origin, nature and evolution*, contre l'universelle domination de la théorie animiste, une protestation qui, sur le moment, demeura sans écho. King part de l'étonnement qu'éprouve l'homme primitif en présence des choses dont l'explication lui échappe. Le primitif est conduit à leur attribuer toutes sortes de vertus secrètes et magiques, dont l'ensemble forme un monde absolument à part, le monde « surnaturel », au sein duquel règne une causalité tout à fait différente de la causalité naturelle. Dans la suite, on en serait venu à personnifier ces forces ou à les attribuer à certaines personnes (sorciers), et c'est ainsi que la religion aurait fait son apparition. Cette théorie, appelée la théorie magique, fut reprise, avec de nombreuses variantes, en Angleterre par Marett, Sidney Hartland, Frazer; en France par Hubert et Mauss, en Allemagne par Preuss et Vierkandt. Grâce à eux, elle commença, dès les premières années du xxe siècle, à faire une sérieuse concurrence à l'animisme (1).

(1) En France, A. RÉVILLE, pour qui fut créée, en 1880, la chaire d'histoire des religions au Collège de France, tout en accordant une large part d'influence à l'animisme dans les phases postérieures de l'évolution, resta fidèle, en ce qui regarde les toutes premières formes religieuses, à la théorie naturiste. « Il doit y avoir eu d'abord, écrit-il dans les *Prolégomènes de l'histoire des religions*, 1886, p. 132, un culte de la nature ou plutôt d'objets naturels personnifiés; de là est venu l'animisme... ».

M. GUYAU met à l'origine de la religion une conception préanimiste, anthropomorphe et sociomorphe de la nature. L'homme

Avant même que se manifestât ce mouvement de réaction, l'animisme avait rencontré

primitif aurait vu dans la nature non pas des phénomènes, mais des volontés très puissantes, bienfaisantes ou malfaisantes, formant avec lui-même une vaste société et qu'il lui était possible d'influencer à son avantage par des actes de culte. A la vérité cette dernière notion, qui constitue à proprement parler la religion, ne serait apparue qu'à une phase relativement tardive de l'évolution (*L'irréligion de l'avenir*, 1887; cfr. 4ᵉ éd., 1890, p. 461).

L'hiérologue belge GOBLET D'ALVIELLA professe un préanimisme de même genre. « Tous les objets mobiles, écrit-il, ou susceptibles de se mouvoir... ont fait l'effet (à l'homme primitif) soit de corps doués comme le sien de volonté; par suite de vie et de personnalité. Partout où ces volontés lui ont paru amener un résultat extraordinaire, il leur a attribué le caractère mystérieux et surhumain qui inspire le sentiment religieux, en même temps qu'il s'est efforcé de les concilier et de les conquérir; — mais sans nécessairement établir dans ces personnalités réelles ou imaginaires l'opposition entre l'esprit et le corps laquelle caractérise l'animisme. — En d'autres termes, le procédé psychique de personnification a précédé l'animisme » (*Revue de l'histoire des religions*, LXI (1910), p. 13).

J. RÉVILLE, qui succéda à son père dans la chaire d'histoire des religions au Collège de France, tient lui aussi pour un préanimisme naturiste, analogue à celui d'A. Réville et de Goblet d'Alviella.

C'est un préanimisme encore, mais tout différent du précédent, que professent HUBERT et MAUSS, E. DURKHEIM, LÉVY-BRUHL. Tout à l'origine du sentiment religieux, ils placent la notion ou le sentiment confus d'un pouvoir, d'une cause, d'une force, d'une qualité, d'une substance, d'un fluide, d'un milieu — on ne sait comment dire — analogues à ce que signifie le mot mélanésien *mana*. De cette notion ou de ce sentiment indistinct de ce qu'on pourrait appeler « le sacré », ils font sortir à la fois la religion et la magie, qui ne se seraient différenciées que peu à peu et entre lesquelles subsiste toujours une certaine parenté. Tous insistent aussi sur le caractère collectif de cette représentation, sur son origine essentiellement sociale. D'où le un adversaire redoutable en la personne d'Andrew Lang, le distingué mythologue. Partisan jusque-là de l'animisme tylorien, il se rendit compte, au cours d'études plus approfondies, que ce système, comme d'ailleurs le mânisme de Spencer, ou bien néglige totalement, ou bien ne prend pas suffisamment en considération cet Être suprême que l'on rencontre chez un grand nombre de peuples et en particulier chez les plus primitifs d'entre eux. Son existence et sa nature ne se peuvent accorder avec la théorie animiste. Les découvertes de Howitt dans le sud-est de l'Australie venaient justement

nom de sociologique, que reçoit fréquemment cette théorie et qui la distingue des autres formes du préanimisme magique. De plus E. Durkheim voit dans le totémisme la première forme organisée de religion et la base de toute l'évolution religieuse ultérieure (*Les formes élémentaires de la vie religieuse*, Paris, 1912).

A. Loisy et A. van Gennep montrent également des préférences plus ou moins accusées pour un préanimisme magico-religieux, sans toutefois admettre la théorie sociologique de l'origine de la religion que professe l'École de Durkheim.

Parmi les catholiques français qui, en ces derniers temps, se sont occupés d'histoire des religions, le nom de l'abbé DE Broglie mérite spécialement d'être cité comme celui d'un précurseur, de même que celui de Mgr Le Roy auquel revient l'honneur d'avoir inauguré, avec le R. P. Schmidt, (A. Lang, etc.), un mouvement de réaction vraiment scientifique contre l'abus des théories naturiste, animiste et magico-religieuse touchant l'origine et les plus anciennes formes de la religion. T.

de révéler l'existence, chez les plus anciennes tribus australiennes, d'un grand nombre de ces Êtres suprêmes. S'appuyant sur ces faits, Lang soumit la théorie de Tylor à une critique directe, dont il fit connaître les résultats dans son livre : *The making of religion* (1898, 3e éd., 1909). Sa théorie personnelle est que l'homme primitif a parfaitement pu s'élever de la considération de la nature à l'idée d'un Être suprême, créateur et conservateur du monde, législateur des hommes. La première conception de cet Être est antérieure à la formation de l'idée distincte d'âme. On se le représentait simplement comme une personne, au sujet de laquelle on ne se posait pas encore les questions résultant de la notion précise de la distinction de l'âme et du corps. La théorie animiste se trouvait donc ici en défaut. Lang énumère toute une série de peuples : Australiens du sud-est, Andamanais, Bantous, Nègres du Soudan, tribus indiennes de l'Amérique du Nord en grand nombre, chez lesquels le culte ou à tout le moins la notion de tels. Êtres suprêmes existaient antérieurement à l'arrivée des Européens et des missionnaires

Cette théorie qui, pour des raisons faciles à comprendre, ne s'est répandue jusqu'ici qu'avec lenteur, se trouve dès maintenant positivement confirmée par les résultats de cette méthode nouvelle et plus exacte que nous avons appris à connaître. Cette notion et ce culte d'un Être suprême, nous les rencontrons, de façon particulièrement distincte, chez les tribus que la nouvelle méthode nous conduit à considérer comme les plus anciennes au point de vue ethnologique. Par contre, le culte animiste de la nature, duquel Tylor prétend partir, le culte des morts sur lequel se base Spencer, et cette magie dont la théorie magique voudrait faire le point de départ de toute l'évolution religieuse, sont chez elles peu développés et moins que partout ailleurs.

Ce complet renversement des choses est cause que W. Wundt, le philosophe connu, est venu trop tard avec la théorie ingénieuse qu'il expose dans le second volume de son ouvrage sur la psychologie des peuples. Cette théorie représente un développement et une complète transformation de l'animisme tylorien. De la notion d'âme et d'esprit dérive, d'après Wundt, celle de démon, c'est-à-dire d'un être doué de pouvoirs surhumains pour le bien et pour le mal. L'interprétation mythologique des phénomènes naturels donne naissance aux dieux, qui ne sont tout d'abord rien de plus que des noms donnés à la puissance surhumaine et à l'existence supraterrestre qui les définissent. Les légendes héroïques, en idéalisant des hommes et en introduisant dans l'évolution un nouveau facteur, la notion de personnalité, constituent une troisième source. Les dieux mythologiques se voient alors attribuer une personnalité véritable et les dieux, au sens complet du mot, apparaissent. Seule l'intervention de la philosophie a pu faire sortir de ce polythéisme le monothéisme. Les peuples primitifs, affirme Wundt, n'ont pas connu de dieux, mais seument des démons. A plus forte raison ne doit-on pas leur accorder l'idée d'un dieu unique. Le concept de dieu n'est apparu qu'à une phase assez avancée de l'évolution des peuples.

Déjà, dans le premier volume de sa psychologie des peuples, où il étudie les langues, Wundt, malgré l'étendue extraordinaire de sa documentation, avait montré qu'il ignorait, sur des points essentiels, certains résultats importants des recherches linguistiques (1). Il avait même commis de positives et graves méprises. Et voici que pareille mésaventure lui arrive sur le terrain de l'ethnologie. Lorsqu'il s'agit d'apprécier le caractère plus ou moins primitif des différents peuples, et donc la direction suivie par l'évolution et donc aussi par l'évolution religieuse, Wundt demeure sous l'influence des anciennes conceptions évolutionnistes aujourd'hui ébranlées. De même ses connaissances ethnologiques offrent, dans le détail, de fâcheuses lacunes, comme je l'ai montré dans la seconde partie de mon étude sur l'origine de l'idée de Dieu. C'est une véritable malchance que, précisément au cours de ces deux dernières années où Wundt mettait la dernière main au grand ouvrage qui a dû lui coûter de nombreuses années de travail, la science spéciale sur laquelle il était obligé de s'appuyer pour tout l'essentiel, l'ethnologie, se mettait à renverser elle-même les bases sur lesquelles il avait édifié toute sa théorie. « Voici que les pieds

(1) *Mitteilungen der Wiener Anthropologischen Gesellschaft,* Bd. XXXIII (1903), p. 361 ss.

de ceux qui vont t'ensevelir sont à la porte. »

Que cette transformation de l'ethnologie se manifeste aussi dans la façon d'apprécier l'évolution religieuse des peuples, je crois en avoir fourni la preuve, en ce qui concerne les Tasmaniens et les Australiens du sud-est, dans mon étude : *L'origine de l'idée de Dieu* (surtout dans l'édition allemande, plus récente et augmentée, de ce travail : *Der Ursprung der Gottesidee*, Munster i. W., 1912), et pour ce qui regarde les différentes tribus Pygmées, dans mon ouvrage : *Die Stellung der Pygmäenvölker in der Entwicklungsgeschichte des Menschen.*

Mais à mesure qu'on s'éloigne de ces peuples tout à fait primitifs et qu'on avance parmi les peuples à demi civilisés et civilisés, on voit ces trois racines de la magie, du culte des morts et du culte de la nature prendre des développements de plus en plus considérables et, devenues de grands arbres, étouffer sous leur frondaison luxuriante l'ancien culte de l'Être suprême, au point que souvent il a presque complètement disparu et qu'il semble ne plus en subsister aucune trace. Cependant, même chez ces peuples plus civilisés, sous cette végétation postérieure qui a tout recouvert, des recherches approfondies permettent de découvrir certaines traces de cet antique Être suprême. Je crois l'avoir montré dans mon travail : *Grundlinien einer Vergleichung der Religionen und Mythologien der austronesischen Völker* (1). Dans cette direction un champ immense de fructueuses recherches s'ouvre devant les travailleurs. La moisson est riche; puissent les ouvriers n'être pas trop peu nombreux!

Étant donné le but de cette étude, il nous suffira de nous en tenir aux conditions religieuses des peuples les plus primitifs et d'en tracer une rapide esquisse.

2. LA RELIGION DES PEUPLES LES PLUS ANCIENS.

Le fondement de cette religion est la foi en un Être suprême (2). Son nom est parfois « Celui qui tonne », parfois « Ciel », d'autres

(1) *Denkschriften der Kaiserlichen Akademie der Wissenschaften in Wien, phil.-hist. Klasse*, Bd. LVIII, Abh. 3, Vienne, 1910.

(2) On trouvera des renseignements de première main dans l'ouvrage de Mgr Al. Le Roy, *La religion des primitifs*, Paris, Beauchesne, 1909; voir en particulier pp. 368-384. T.

fois « Seigneur », ou encore « notre Père ».
On se le représente d'ordinaire comme habitant le ciel. En tout cas, il n'a sur la terre aucun lieu déterminé où il soit censé habiter. Il
n'a pas non plus de temple, ni de représenta-
tions figurées. Du reste, on lui attribue pratiquement l'omniprésence. On ne se le figure
pas toujours explicitement comme spirituel.
Chez les Semang, il est comme du feu. Chez
certaines tribus, il mange, boit et dort. Lorsqu'on lui suppose en outre femme et enfants,
ces anthropomorphismes sont manifestement
imputables à une mythologie postérieure, lunaire le plus souvent et quelquefois solaire. Il
existait avant toutes choses et l'on ne semble
même pas songer qu'il puisse jamais avoir une
fin. Il possède un pouvoir très élevé sur tous
les êtres, choses et personnes. Lorsque chez
les Semang, les Australiens du sud-est et les
Andamanais, un couple d'êtres intermédiaires,
qui représentent vraisemblablement les ancêtres du groupe, se voient attribuer une puissance spéciale, ils n'en restent pas moins
subordonnés à l'Être suprême. Chez les Andamanais, Puluga, l'Être suprême, n'a aucun
pouvoir sur le représentant du mal; mais

celui-ci n'en a non plus aucun sur lui. L'Être suprême envoie les maladies et la mort, qui sont souvent le châtiment de fautes commises. Ces fautes, il les châtie aussi, chez plusieurs de ces peuples, dans l'au-delà, de même qu'il y récompense le bien. Il est le législateur de toute la vie morale. Chez quelques peuples, on lui attribue l'omniscience, y compris la connaissance des pensées secrètes. Jamais il n'use de sa puissance souveraine pour le mal. Jamais il ne favorise ni ne commande l'immoralité, le vol, le meurtre, comme il arrive assez souvent aux dieux dans la mythologie des peuples classiques eux-mêmes, pourtant très civilisés. Il ne moleste pas davantage les hommes sans motif ou par jeu. Il est bienveillant et secourable. C'est à lui qu'on doit tout ce qui est bon.

Nous comprenons aisément qu'un tel Être soit capable de gagner la vénération de ces peuples. Cette vénération se traduit tout d'abord par la façon plus que réservée avec laquelle on parle de l'Être suprême. Mais la manifestation la plus caractéristique de cette vénération consiste en ce qu'on le reconnaît expressément comme le législateur de la vie

morale et le maître. Ce fait prend toute sa signification lorsqu'on considère l'ombrageuse
indépendance de ces peuples et l'absence à peu
près complète parmi eux de représentants in-
dividuels de l'autorité politique et sociale.
Cette reconnaissance d'ailleurs ne demeure
pas purement théorique. Nous en avons la
preuve dans cette observation fidèle des pres-
criptions morales, à laquelle sont dues cette
pureté et cette noblesse relatives de vie que
nous avons appris plus haut à connaître. Nous
pouvons donc constater dès maintenant combien fausse est l'affirmation commune à presque toutes les théories religieuses modernes,
que la religion et la morale n'avaient primitivement rien à voir l'une avec l'autre et qu'elles
n'ont été mises en rapport que beaucoup plus
tard. La vérité est que nulle part parmi les
peuples non-civilisés ne se rencontre une plus
intime et compréhensive union de la religion,
et, dans le cas, d'une religion théiste, avec la
morale, qu'à ces toutes premières phases de
l'évolution.

Si maintenant nous nous mettons en quête
d'autres expressions du culte rendu à l'Être
suprême, nous aurons, à première vue, l'im-

pression de ne trouver que peu de chose. Il n'y a là rien qui nous doive étonner. Nous sommes encore trop près des origines. Les manifestations extérieures du culte religieux n'ont pris de développements tant soit peu considérables qu'au cours de l'évolution postérieure. Aussi bien, chez ces peuples enfants, même les autres domaines de l'activité ne nous offrent-ils qu'un petit nombre de formes arrêtées. Tout se trouve encore sous l'influence du sentiment spontané et vivant, qui varie avec les personnes, les temps et les lieux.

Nous pouvons néanmoins découvrir dans toutes les tribus Pygmées certaines formes rudimentaires de prière. Il ne semble pas qu'on use de formules déterminées et stables. Ce sont des créations instantanées et d'une mobilité extrême. C'est comme une vive conversation, un appel direct adressé à l'Être suprême dans le ciel. Si cette manière de prier paraît manquer de solennité, elle ne fait que mieux ressortir, en revanche, la naïve et enfantine confiance de leurs relations avec l'Être suprême.

Le culte de l'Être suprême se manifeste plus

clairement encore, si possible, par le sacrifice que lui offrent tous les Pygmées, à l'exception des Semang. En fait de sacrifices, ils ne connaissent que le sacrifice de prémices, l'offrande des premiers produits de la chasse et des premiers fruits de la forêt. Nous apercevons donc ici la fausseté radicale de la théorie moderne qui fait sortir le sacrifice des offrandes alimentaires faites aux morts. Les Pygmées, dans l'ensemble, ignorent l'usage d'offrir aux morts des repas et, en tout cas, ces offrandes alimentaires ne constituent pas chez eux un culte rendu aux morts. Le sacrifice de prémices est la reconnaissance de l'Être suprême en qualité de Maître souverain et de seul vrai propriétaire de la terre entière et de ce que l'homme s'en approprie. C'est aussi un tribut, prélevé sur ses dons, que l'on doit au Maître suprême et dont on s'acquitte.

Nous nous trouvons donc en présence d'une religion véritable et complète, pourvue de tous ses éléments essentiels : dogme, morale, culte, ce dernier comportant trois formes différentes : témoignages de vénération, prière et sacrifice. Et pour naïf et enfantin que soit le tout, et chargé d'anthropomorphismes quelquefois très accentués, il reste que nous avons là une religion que sa pure simplicité et sa simple grandeur élèvent bien au-dessus de la déchéance religieuse que les peuples plus récents et souvent très civilisés s'efforcent en vain de dissimuler sous une mythologie exubérante et sous une profusion de rites variés et compliqués.

Mais, par-dessus tout, il est clair que des peuples en possession d'une semblable religion sont aptes à recevoir des révélations divines avec intelligence et soumission. Et si nous y ajoutons tout ce que nous avons dit sur l'évolution morale et intellectuelle de ces peuples, qu'il faut ranger parmi les premiers-nés de la race humaine, il devient tout à fait évident qu'à ces hommes, même à les prendre tels qu'ils sont présentement, rien ne manque, à aucun point de vue, de ce qui est requis pour que Dieu leur puisse communiquer sa révélation.

Ce n'est pas tout. Ces peuples eux-mêmes, pour primitifs qu'ils soient, ne représentent déjà plus l'état initial de l'humanité. Ils sont eux-mêmes le fruit d'une évolution. D'autre part, tout ce que nous pouvons connaître en matière d'évolution naturelle de l'humanité sur le terrain religieux représente un mouvement de décadence. Dans le cas, les lois ethnologiques elles-mêmes nous autorisent à affirmer positivement la réalité de cette décadence. Ces peuples, en effet, se sont arrêtés dans leur développement. Or, selon l'adage de Lagarde, dès qu'un peuple cesse de progresser, il commence tout de suite à rétrograder. Partout dans la vie de l'esprit se vérifie la loi connue : « Qui n'avance pas recule ». Nous avons donc le droit, sans quitter le terrain purement scientifique, de supposer chez ces peuples eux-mêmes un certain degré de déchéance religieuse par rapport à l'état initial. En d'autres termes, les débuts proprement dits ne sauraient être conçus à la mesure précise de l'état religieux de ces peuples. Ils doivent avoir été plus élevés, plus purs, plus parfaits encore. Les hommes qui vivaient alors devaient donc être aptes, dans un plus haut degré encore, à recevoir, dans la foi, l'espérance et l'amour, les révélations dont Dieu voulut gratifier ces premiers commencements de l'humanité.

C. — *Les données de la Sainte Écriture.*

Il semble cependant que ce soit, de notre part, une anticipation incorrecte de conclure dès maintenant à l'accord des données scientifiques et des données scripturaires touchant la condition spirituelle des premiers hommes. Car nous n'avons pas encore précisé quels étaient en cette matière les enseignements de la Sainte Écriture. Et pourtant c'est bien ainsi qu'il convenait de procéder. Les affirmations explicites de la Sainte Écriture relativement à la condition intellectuelle dans laquelle fut créé le premier homme se réduisent à bien peu de chose. Ses données les plus importantes sont purement implicites. Ce sont des présuppositions tacites. Lorsqu'elle nous montre Dieu donnant au premier homme une révélation remarquablement élevée et profonde, il est bien évident qu'elle suppose, par le fait même, que l'esprit de l'homme avait atteint un développement suffisant et possédait la préparation indispensable pour recevoir convenablement et utilement ces révélations. Ayant déjà étudié dans le premier chapitre le

11.

contenu exact de la révélation, nous nous trouvions donc en mesure d'en rapprocher ce que la science nous fait connaître touchant l'état intellectuel de l'humanité primitive et de constater l'accord existant. Mais s'il est légitime de conclure de la nature de la révélation à l'existence d'aptitudes proportionnées chez ceux qui devaient la recevoir, nous avons constaté, d'autre part, dans cette révélation, des limitations d'où il semble correct de conclure à la présence de limitations analogues dans l'état intellectuel de l'humanité d'alors.

En ce qui touche le contenu de la révélation, nous avons établi qu'il ne semble pas avoir dépassé, à certains égards, ce que l'esprit humain, laissé à lui-même, peut connaître. D'ailleurs, même en admettant, ce que font beaucoup de théologiens, encore que la Sainte Écriture n'en dise rien, que le mystère de la Trinité et celui de l'Incarnation aient été révélés au premier homme, l'on n'en pourrait toujours pas conclure que, de ce chef, des aptitudes intellectuelles plus élevées, au point de vue formel, aient été requises dans le premier couple humain. Ces doctrines, en effet, pour lui aussi, ne pouvaient être que des mystères.

Nous avons découvert des limitations d'ordre formel dans cette circonstance que la révélation revêt son contenu, profond assurément, de formes et d'expressions naïves, enfantines et d'un anthropomorphisme très accentué. Naturellement cela nous conduit à supposer, chez les premiers hommes à qui la révélation s'adressait, des limitations et un état intellectuel du même genre. Que ces limitations ne puissent être interprétées au sens d'esprit borné, c'est ce que nous allons voir dans le paragraphe suivant.

a) **La génialité d'Adam.**

Nous avons déjà signalé, à plusieurs reprises, le parfait accord existant entre cette dernière particularité de la révélation primitive et ce que les sciences profanes nous apprennent sur les plus anciens hommes. Chez eux aussi, nous voyons coexister, dans le domaine religieux et moral, la simplicité de la forme avec la pureté et l'élévation du fond. Le moment est venu d'examiner si cette naïve et enfantine simplicité, cette façon sensible, concrète, anthropomorphique, de traduire les choses décèle toujours un esprit borné et inférieur.

Souvent l'on est tenté de répondre affirmativement. D'ordinaire, en effet, plus la pensée se forme et progresse, plus aussi cette enfantine simplicité, cette manière sensible et vivante de traduire les choses s'atténuent. La pensée abstraite, la pensée « pure » apparaît, qui devient souvent incapable de se trouver une expression concrète et vivante quelconque. Il faut cependant remarquer qu'une pareille atrophie est généralement le résultat d'un développement exclusif et étroit de la pure intellectualité. L'homme, au contraire, qui demeure en contact avec la vie réelle et complète et qui ne se déshabitue pas de l'activité pratique, se défend mieux contre ce péril de diminution. Mais il existe des hommes chez qui les deux choses, pensée profonde et rigoureuse, façon de concevoir et d'exprimer où l'on retrouve la spontanéité, la simplicité, le relief, qui caractérisent l'esprit de l'enfant, demeurent unies. Et cette union est de telle nature qu'on n'a pas du tout l'impression de quelque chose d'imparfait, mais au contraire de riche, de plein, de vraiment supérieur. Ce sont les hommes de génie.

Cette supériorité, l'homme de génie la doit à

ce qu'il ne prend pas contact avec les choses par l'intermédiaire de déductions longues et compliquées, parmi lesquelles tout ce qu'elles contiennent de vie se refroidit, mais qu'il les saisit d'une intuition rapide, prompte souvent comme l'éclair. Ce que le génie comporte, à certains égards, de naïf et d'enfantin se révèle à nous sur deux points. C'est d'abord la nouveauté ou l'originalité de sa vision. Il aperçoit avec étonnement des choses que les hommes qui l'ont devancé, ceux de la génération précédente, n'avaient pas su voir. C'est, en second lieu, une certaine gaucherie dans sa façon de traduire ce qu'il a vu. A la vérité, cette gaucherie, pour une part, n'existe que dans l'esprit de ceux qui l'écoutent ou qui le lisent. Elle tient à ce que l'homme de génie se trouve incapable de suivre désormais les sentiers battus auxquels ils sont accoutumés. Pour une part aussi, elle est réelle et tient à la difficulté de mettre du vin nouveau dans de vieilles outres, d'adapter les mots anciens à des pensées nouvelles.

Devons-nous attribuer aux premiers hommes cette sorte de génie que nous venons de caractériser?

La science ne saurait élever aucune objection contre l'idée de placer l'apparition du génie tout au début de l'évolution de l'humanité. L'apparition du génie au cours de l'histoire humaine n'est soumise à aucune condition restrictive, à aucune loi. L'homme de génie peut avoir des enfants qui soient des individus parfaitement insignifiants. Tel est le cas, par exemple, de Gœthe et de Napoléon Ier. En retour, pour donner le jour à un homme de génie, nul don spécial, nulle particulière préparation ne sont requises. De même la répartition et le pourcentage du génie dans le temps et dans l'espace échappent au calcul et ne sont pas susceptibles d'être réduits en loi. C'est une complète erreur de vouloir exclure l'apparition du génie des états de civilisation simples et primitifs. Dans ce domaine règne la liberté absolue. Rien ne s'oppose à ce que le génie ait éclairé de sa lumière les tout premiers commencements de l'histoire humaine.

Ce qui n'est pour la science qu'une simple possibilité se transforme en nécessité et donne naissance à la certitude morale lorsque, nous plaçant sur le terrain philosophique de la foi en Dieu, nous nous attachons à l'idée qu'une providence divine dirige les destinées de l'humanité. A ce point de vue, ce serait faire injure à la sagesse divine de mettre en doute ce que l'on pourrait presque appeler, tant sa présence à l'origine de l'évolution humaine est justifiée, le droit des premiers hommes au génie. Dieu se devait à soi-même de faire briller la flamme du génie sur le front du premier couple humain, de ceux qui devaient être les ancêtres, les maîtres, les éducateurs de toute la race humaine.

Avec cette génialité, avec ces dons de l'esprit et du cœur dépassant la mesure commune, les premiers hommes pouvaient acquérir rapidement la science qui leur était nécessaire pour avoir une vie vraiment humaine. Il est même permis de se demander dans quelle mesure au juste ils avaient encore besoin de cette science infuse, de cette communication par Dieu d'idées toutes faites, que les théologiens leur attribuent. Le passage de l'*Ecclésiastique*, XVII, 5 ss., qu'on allègue d'ordinaire comme preuve de cette hypothèse, insiste pour le moins autant sur le don des facultés et aptitudes requises pour acquérir facilement la science, que sur la communication de résultats tout préparés : « Il a donné aux hommes le discernement, un langage, des yeux, des oreilles et un cœur pour penser. Il leur a départi largement l'habileté de l'intelligence. (Il a créé en eux la science de l'esprit ; il remplit leur cœur de sagesse.) Il leur a fait connaître le bien et le mal. Il a dirigé ses regards sur leur cœur pour leur montrer la grandeur de ses œuvres, afin qu'ils louent son saint nom (qu'ils le célèbrent dans ses merveilles) et qu'ils publient la gloire de ses œuvres. »

Nous avons là précisément une fort belle description de la recherche géniale, qui ne reste pas inerte en face de la vérité découverte, mais qui entraîne dans sa marche en avant l'homme tout entier et qui, pénétrant toujours plus profondément dans les grandes œuvres de Dieu, ne peut contenir son enthousiasme ni ses transports de joie.

Il est cependant une considération qui semble rendre évidente la nécessité de la communication aux premiers hommes d'idées toutes faites et qui leur auraient été infusées d'un seul coup, et pour ainsi dire en bloc, par Dieu. Toutes les fois que nous pouvons observer l'évolution d'un petit enfant, nous constatons qu'il est redevable d'une partie de ce qu'il acquiert à ses parents ou à ceux qui les remplacent auprès de lui. Il ne se forme pas à soi-même son propre langage; il le reçoit de ses parents. Il reçoit d'eux des enseignements de toutes sortes, qui lui apprennent à vivre comme il faut et à connaître aussi le vaste monde extérieur et son petit univers intérieur. A quoi il faut ajouter que la période d'enfance, pendant laquelle ces secours lui sont nécessaires, est particulièrement longue chez l'homme. C'est là une loi si générale que, sous réserve des cas très rares et à demi fabuleux d'enfants abandonnés dans les bois, nous ignorons absolument ce que pourrait bien devenir un enfant complètement abandonné à soi-même. La preuve que nous pouvons considérer cette expérience comme tout ce qu'il y aurait de plus risqué, c'est qu'il serait universellement tenu pour absolument immoral de la tenter, ne fût-ce qu'une seule fois, sur un enfant quelconque. Or, les premiers hommes se trouvaient dans une situation qui les condamnait à être privés de cette éducation par les parents. Cette éducation, dans la mesure où elle serait nécessaire à un homme pour parvenir au développement correspondant, Dieu a dû, en ce qui les concerne, en compenser l'absence par des dispositions appropriées, extraordinaires. Il a dû le faire même d'autant plus largement que le premier couple humain aurait lui-même à remplir dans la suite, pour la première fois et dans des conditions propres à servir d'exemple, ce rôle nécessaire d'éducateur à l'égard des hommes qui devaient naître de lui.

Mais les parents avisés laissent leurs enfants découvrir tout ce qu'ils sont capables de trouver par eux-mêmes, et se contentent tout au plus, lorsque la chose est nécessaire, de leur faciliter cette découverte. Dieu n'a pas dû se conduire autrement. Il n'aura frustré les premiers hommes, auxquels il avait donné des aptitudes géniales, d'aucune des possibilités qu'ils possédaient de chercher et de trouver par eux-mêmes. Incomparable pédagogue, il aura fait consister tout spécialement le concours qu'il leur apportait, à leur ménager les occasions de voir et de comprendre du nouveau, multipliant ces occasions dans la mesure où il leur était nécessaire, utile ou agréable de connaître chaque chose. De la sorte, ils pouvaient acquérir plus rapidement, et sans être exposés à s'égarer ou à se méprendre souvent, le trésor de science et d'expérience dont ils avaient besoin.

C'est bien de cette manière que nous nous représentons Dieu conduisant les animaux à Adam, comme s'exprime la Sainte Écriture. Tout pouvait se passer d'après un plan et en vertu d'un dessein arrêtés d'avance, sans perdre pour autant le caractère de rencontres occasionnelles. L'idée d'un défilé continu et organisé des animaux, outre qu'elle ne correspond pas à une nécessité, a quelque chose de choquant. Dieu dut plutôt diriger les pas de tel ou tel animal de façon qu'il croise, un jour ou l'autre, le chemin qu'Adam lui-même suivait. D'autres fois, ce pouvait être Adam qui se sentait intérieurement poussé à s'engager dans une voie où il rencontrerait ces animaux.

b) **L'origine du langage.**

Nous avons ici ce que l'on peut regarder comme un témoignage direct de la Sainte Écriture sur l'état intellectuel du premier homme. Elle nous rapporte en effet qu'Adam donna des noms, les premiers, aux animaux. Il ne s'agit en l'occurrence de rien de moins, que de la création du langage par le premier homme. L'histoire entière de l'humanité n'offre aucune création plus importante et plus grosse de conséquences que celle du langage, ce génial moyen d'assurer l'existence précise et stable du sentiment et de la pensée ; ce moyen de traduire au dehors la pensée intérieure et de faire bénéficier l'universalité des hommes du trésor spirituel que chacun d'eux porte en soi ; cette condition préalable du progrès humain et la plus nécessaire de toutes. Si nous devons attribuer cette création au premier homme, il mérite à ce seul titre d'être placé au rang des plus grands esprits de tous les temps.

Une philosophie livresque et prétentieuse, apparue après la Renaissance, qui faisait de l'hébreu la langue primitive et mère de toutes les autres, opinion dont nous ne pouvons aujourd'hui nous empêcher de sourire, regardait cette langue sacrée, l'hébreu, comme ayant été communiquée à Adam par le moyen d'une révélation extérieure (Péreire, Leusden). Cette conception mécanique eut son heure de vogue presque générale. Les Pères, au contraire, professent une opinion infiniment plus large et plus libre. D'après eux, le langage serait la création de l'homme qui, doté par Dieu des aptitudes requises grâce à l'intelligence qu'il a reçue, est capable de percevoir, de rendre stables et d'utiliser les relations naturelles ou occasionnelles entre certains sons et certains jugements ou idées, et se trouve en outre poussé à le faire par le besoin social surtout de communiquer sa pensée à d'autres et de recevoir communication de la leur. S. Augustin disait déjà très bien : « Car ce qui en nous est raisonnable, c'est-à-dire ce qui utilise la raison, ce qui fait les choses raisonnables ou s'y conforme, se trouvant uni par les liens d'une société naturelle avec ceux qui possèdent aussi la raison, et l'homme ne pouvant vivre avec l'homme dans une union véritable que par le moyen des paroles échangées et par la mutuelle communication des sentiments et des pensées, ce qu'il y a, dis-je, en nous de raisonnable comprit qu'il fallait imposer aux choses des vocables, qui sont des sons significatifs, afin que, n'étant pas capable de percevoir directement les mouvements intérieurs, il pût prendre contact avec eux par l'intermédiaire des sons » (1). S. Grégoire de Nysse, défendant son maître Basile, qui avait soutenu le même sentiment, s'exprime en ces termes concis et forts : « C'est pourquoi la chose exprimée elle-même est l'œuvre de la puissance du Créateur, les mots (voces) qui l'expriment et par le moyen desquels le discours humain fait connaître chaque chose de façon exacte et précise, sont l'œuvre et la création de la faculté de penser. Mais cette faculté, cette aptitude à comprendre et à tirer des conclusions est l'œuvre de Dieu (2). » De fait, le passage de la Sainte Écriture, où l'on nous dit que les animaux furent conduits à Adam « pour qu'il voie à leur donner des noms », semble n'admettre aucune autre interprétation que celle-ci : Adam lui-même créa un langage.

Si haut qu'on veuille placer Adam en qualité de créateur du langage, cette création n'exige pourtant pas qu'on lui attribue, comme une condition indispensable, une science aussi étendue que celle que lui prêtent non pas tant les Pères, que les théologiens scolastiques du moyen âge, sous l'influence peut-être

(1) *De ordine*, I, 2, C. 12, n° 35; MIGNE, *P. L.*, XXIX, col. 578 s.
(2) *Contra Eunomium*, I, 12; MIGNE, *P. G.*, XLV, col. 993.

de la philosophie juive qu'ils étudiaient. « De façon générale, a écrit le Dr Pohle, les scolastiques n'étaient que trop portés à étendre jusqu'à l'invraisemblance les connaissances scientifiques du premier homme (1). »

La création du langage, telle qu'elle nous est rapportée dans la Sainte Écriture, implique uniquement ces deux choses : premièrement, que l'homme était conscient d'être essentiellement différent des animaux même les plus élevés; deuxièmement, qu'il comprenait dans une certaine mesure les caractères propres des animaux et des autres êtres.

Peut-être l'évolution du langage garde-t-elle aujourd'hui encore des traces de la première de ces connaissances. On se demande, en effet, s'il ne serait pas possible de faire remonter la division en genres grammaticaux, masculin et féminin, que présentent les langues sémitiques, hamitiques et indo-européennes, à une division plus ancienne en personnes et non-personnes (choses). La notion, au contraire, d'une parenté entre l'homme et l'animal, que le totémisme implique, n'est pas la plus

____

(1) Pohle, *Dogmatik*, I, p. 466.

ancienne, comme S. Reinach s'obstine à l'affirmer, mais appartient à un stade de la civilisation humaine plus récent et spécial.

Donner des noms aux animaux n'implique nullement une connaissance approfondie de la nature de l'animal ou de la nature particulière des différentes espèces d'animaux. On ne saurait donc en déduire l'existence d'une telle connaissance. Les noms des animaux, comme ceux des autres êtres, peuvent parfaitement être tirés d'une particularité spéciale qui, pour une raison quelconque et pas nécessairement très profonde, apparaît à l'homme comme la plus importante, lui saute d'ordinaire aux yeux, comme serait d'appeler la gazelle « l'élancée », le lion « le fort », l'éléphant « le gros », etc. C'est ainsi qu'en juge à bon droit le P. Ch. Pesch, S. J. : « Il n'y a donc pas lieu de supposer que le langage du premier homme ait été essentiellement différent du nôtre, comme si le nom avait alors exprimé l'être intime de la réalité qu'il désignait. Car, de même que le premier homme n'avait aucune connaissance de l'essence des choses qui différât de notre science, il ne pouvait pas non plus et beaucoup moins encore posséder un langage exprimant l'essence, à supposer que pareille chose soit concevable lorsqu'il s'agit de tons et de sons, ce dont on peut légitimement douter. On peut et on doit accorder qu'à l'origine, le rapport entre les mots et les choses n'était pas arbitraire au même degré qu'il l'est devenu et que l'homme d'alors percevait une relation beaucoup plus intime entre le signe et ce qui était signifié; la différence malgré tout ne saurait être que de degré (1). »

Cette dernière affirmation elle-même, dans les termes généraux où elle est formulée, mérite d'être acceptée. Quant aux précisions que les différentes théories sur l'origine du langage (Noiré, Geiger, Wundt, etc.) prétendent y ajouter, laissons-les en paix. Ce sont pures hypothèses. Cette connaissance de la langue primitive, sur laquelle nous pourrions nous appuyer, comme sur une base solide, pour en déduire des conclusions touchant l'origine du langage, nous en sommes aujourd'hui plus éloignés que jadis. Les recherches linguistiques du siècle dernier ont plutôt dissipé que confirmé l'espérance entrevue de

____

(1) Ch. Pesch, *Gott und Götter*, Fribourg-en-Brisgau, 1890, p. 66.

n'être plus très éloignés de cette langue primitive. Dans l'ancienne division des langues en isolantes, agglutinantes et à flexion, on prétendait jadis reconnaître les étapes de l'évolution du langage. On regardait donc les langues isolantes ou monosyllabiques, dans lesquelles les mots racines n'ont encore reçu aucune espèce d'addition, comme toutes proches des premières origines du langage. On mettait plus particulièrement ses espérances dans les langues à tons ou à modulations, le chinois par exemple, où la signification des mots varie beaucoup selon que le ton en est plus haut ou plus bas. Avec cet élément musical apparaît, en effet, un facteur, à savoir la vivante collaboration du sentiment, qui a dû jouer un rôle tout spécial dans la première création du langage.

Mais on a reconnu que cette division des langues n'a pas une valeur absolue et qu'on n'en peut rien tirer de certain touchant l'ancienneté d'une langue donnée. L'évolution du langage représente un cycle parfait ou une série d'ondes successives ; chaque langue parcourt plus ou moins ces trois stades. C'est ainsi que les langues romanes sont présentement en train de passer dans la catégorie des langues agglutinantes et que l'anglais tend à devenir une langue isolante. Par contre, Conrady a montré que le ton élevé du chinois actuel provenait d'un préfixe causal antérieur et donc que le chinois, aujourd'hui langue isolante, a été jadis une langue dépourvue de tons et comportant des préfixes, ou, à tout le moins, une langue agglutinante. Il semble en être de même pour les langues africaines ou soudanaises comportant des tons. En outre, la linguistique récente insiste de plus en plus sur ce fait que le langage n'a pas commencé par des mots isolés, mais par des phrases complètes, c'est-à-dire par la combinaison de plusieurs mots. La question surgit alors de savoir quelles lois présidaient primitivement à la construction, si c'était le prédicat ou le sujet qui se plaçait au commencement de la phrase, si le génitif précédait ou suivait le nom par lequel il était régi, etc., et des conclusions adoptées résultent d'importantes conséquences. Mais les recherches sont encore loin d'avoir fait la lumière sur tout cela.

Parlant de la création du langage, saint Grégoire de Nysse fait l'intéressante remarque que voici : « Dieu, lorsqu'il eut donné à l'ani-

mal la faculté de se mouvoir, ne produisit
point lui-même chacun de ses pas. Car, lorsque
la nature a reçu de son créateur la faculté de se
mouvoir elle-même, elle se meut et se conduit
en exécutant elle-même chaque mouvement...
L'homme, pareillement, lorsqu'il eut reçu de
Dieu la faculté de parler, de former des sons
et d'exprimer sa volonté, s'engagea lui-même
dans cette voie, sous l'impulsion de la nature,
et adapta aux choses certains sons diversement modulés (1). » Mais si Dieu a laissé à
l'homme le soin d'accomplir lui-même une
œuvre aussi importante que la création du
langage, et qui naturellement ne pouvait s'a-
chever en un jour, n'y a-t-il pas là une précieuse indication touchant l'idée que nous nous
devons faire, en général, de la science et du
pouvoir des premiers hommes ?

Il n'était pas nécessaire qu'un trésor extraordinaire de sagesse et de science, sous la
forme d'une quantité de connaissances particulières toutes faites, fût communiqué d'un seul
coup à la personne d'Adam. Dans les conditions où il avait à vivre, on ne voit pas quel

____

(1) *Contra Eunomium*, I, 12; MIGNE, *P. G.*, XLV, col. 992 s.

usage utile il eût pu en faire. La réalisation de
ce progrès, dont l'obligation avait été nettement imposée à l'humanité tout entière, en
corrélation étroite avec la souveraineté qui lui
avait été conférée sur toutes les créatures par
le précepte : « Croissez et multipliez-vous »,
serait devenue pour une bonne part illusoire.
« Avoir du génie, écrit encore très justement
le P. Ch. Pesch, n'est pas la même chose que
savoir beaucoup de choses et être matérielle-
ment prêt sur tout. Il n'était pas besoin qu'A-
dam fût initié à tout le détail de la science.
Mais il devait posséder un esprit ouvert pour
tout ce qu'exigeait sa situation. Il lui fallait le tact et l'habileté requises pour faire
droit à toutes les exigences de cette situation.
Il devait faire les premiers pas dans la bonne
voie. Mais il appartiendrait à ses descendants
de s'engager plus avant. Il ne pouvait entrer
dans le plan de Dieu de marquer les débuts
de l'humanité par une communication surnaturelle de science et de puissance telle qu'elle eût
rendu superflu tout effort vers un perfectionnement ultérieur (1). »

(1) Ch. Pesch, *Gott und Götter*, p. 62.

De fait, nous lisons dans les chapitres suivants de la Sainte Écriture comment les descendants d'Adam firent peu à peu les premières découvertes. La Sainte Écriture rend donc elle-même témoignage à ce progrès, à ce perfectionnement graduels de la civilisation, dont la science découvre l'existence dans les documents qu'elle étudie.

Il est donc clair que si l'on s'attache aux paroles de la Sainte Écriture, qui sont parfaitement claires en dépit de leur profondeur, et qu'on se tienne en garde contre les exagérations de théories spéculant purement sur ce qui convient, nulle contradiction n'apparaît entre les enseignements de la révélation et les données scientifiques touchant l'état spirituel du premier homme. D'après l'une et l'autre de ces sources d'information, cet état était tel que le premier homme se trouvait parfaitement apte à recevoir, avec intelligence et cordiale soumission, une révélation surnaturelle de Dieu.

CHAPITRE TROISIÈME

LA RÉALITÉ HISTORIQUE
DE LA RÉVÉLATION PRIMITIVE.

I

PREUVE ETHNOLOGIQUE GÉNÉRALE.

Nous avons établi, au cours du chapitre précédent, que l'humanité primitive, telle qu'elle nous apparaît à travers les documents de la préhistoire et de l'ethnologie, se trouvait déjà, au point de vue de son développement intellectuel, moral et religieux, dans une situation telle qu'on la doit tenir pour parfaitement apte à recevoir, avec intelligence et soumission, des révélations divines. Il n'existe donc aucune contradiction, aucune incompatibilité interne, entre ce que rapportent les premiers chapitres de la Genèse sur la révélation faite par Dieu à l'humanité primitive et ce que les données scientifiques nous apprennent touchant les débuts de l'évolution humaine.

Mais ce n'est pas assez dire. La simplicité qui caractérise la révélation divine, telle que la Genèse nous la décrit, et cette forme manifestement naïve, enfantine, sensible dont elle est revêtue en dépit de la profondeur de la pensée, prouvent déjà, de façon positive quoique générale, sa réalité historique et qu'elle appartient effectivement à la période primitive de l'humanité. Les documents scientifiques caractérisent pareillement l'époque la plus ancienne qu'ils soient susceptibles de nous faire connaître, comme l'enfance de l'humanité, pendant laquelle l'ensemble du développement spirituel présente des caractères enfantins très marqués.

Mais une étude détaillée nous apporte de nouveaux témoignages positifs et beaucoup plus nets encore. Les concordances que nous découvrons entre les données bibliques et les renseignements fournis par les sciences profanes touchant les conditions dans lesquelles l'humanité a débuté, deviennent alors si nombreuses et si caractéristiques qu'il semble impossible de parler de hasard ou de créations indépendantes d'un esprit humain partout identique. Nous nous trouvons en présence d'une connexion historique, au sens propre du mot. Ces concordances se transforment donc en témoignages établissant la vérité historique du récit de la Genèse.

Par conséquent, en relevant ces concordances, nous faisons faire un pas de plus à la démonstration que nous avons entreprise. Nous passons de la simple possibilité à l'existence réelle. Nous avons prouvé jusqu'ici que, d'après les documents authentiques des sciences profanes, l'état spirituel des plus anciens hommes les rendait parfaitement capables de recevoir une révélation surnaturelle. Nous entreprenons à présent d'établir que les récits des premiers chapitres de la Genèse sur la révélation surnaturelle appartiennent réellement aux temps les plus anciens de l'humanité et ne peuvent même appartenir qu'à eux. Mais si nous réussissons à prouver cela, nous obtiendrons du même coup un argument très fort tendant à démontrer que la révélation elle-même, dont il est parlé dans ces chapitres de la Genèse, et pour l'époque dont il s'agit, est un fait historique.

A. — *Preuve tirée de l'état religieux des peuples primitifs.*

Sur le terrain religieux, nous devons tout d'abord signaler comme caractéristiques ces rapports confiants entre Dieu et l'homme que, dans un parfait accord avec la Genèse, les traditions de l'ensemble des peuples primitifs, Pygmées, Australiens du sud-est, etc., nous révèlent. A la vérité, il est souvent question, même aux phases postérieures de l'évolution religieuse des peuples, de commerce entre les dieux et l'homme. Mais des récits qu'on nous en fait, la simplicité et le naturel sont absents. Les dieux y paraissent environnés d'éclat et de magnificence ; souvent même ils n'interviennent que par des intermédiaires.

Nous avons reconnu dans le sacrifice de prémices une forme de culte tout à fait caractéristique de l'âge primitif. Chez les Andamanais, le premier péché de l'homme fut précisément de refuser à Dieu cet hommage rendu à son autorité souveraine, hommage consistant en ce que les premiers fruits de l'année ne devaient jamais être consommés.

Puluga, l'Être suprême, se les réservait pour en faire sa propre nourriture. Dans cette dernière idée des Andamanais s'entrevoit une naïve méprise, qui pourra peut-être nous aider à pénétrer plus avant dans le sens profond de l'épreuve imposée par Dieu à Adam et à Ève.

Nous avons constaté plus haut que l'épreuve biblique renfermait, à l'adresse de l'homme, une mise en demeure de reconnaître la suprême autorité de Dieu. Il faut remarquer en outre que c'est précisément l'usage du fruit de l'arbre de la science du bien et du mal qui rend l'homme « semblable à Dieu », comme c'est aussi l'usage du fruit de l'arbre de vie qui le rend « semblable à Dieu » sous un autre aspect, c'est-à-dire immortel. Mais Dieu aurait permis à l'homme de manger de l'arbre de vie et par ce moyen l'aurait rendu immortel, s'il avait observé le commandement relatif à l'arbre de la science. De même, après un temps convenable d'épreuve, et lorsqu'il aurait été suffisamment affermi dans la vertu, tout porte à croire que l'usage de l'arbre de la science lui aurait été concédé. Et nous voyons apparaître l'idée que l'usage du fruit de la science, comme celui de l'arbre de vie, n'appartient, premièrement et essentiellement, qu'à Dieu, qui, si l'on nous passe cette métaphore, en nourrit son omniscience et sa sainteté. L'homme aussi, dans la mesure où sa nature le comporte, aurait été admis à goûter de leur fruit. Mais il devait au préalable accepter avec soumission l'abstention temporaire qui lui était imposée et reconnaître, par cette espèce de sacrifice de prémices, que l'omniscience, la sainteté et l'immortalité n'appartiennent en propre qu'à Dieu. L'homme n'y peut avoir part qu'à la condition de les recevoir, dans un esprit d'entière soumission et comme un don surnaturel, de la bonté et de la libéralité divines.

Il semble donc que par cette voie Adam et Ève aient connu l'idée fondamentale du sacrifice de prémices. A la vérité, la Genèse ne nous fournit pas d'autres preuves directes du bien-fondé de cette interprétation de l'épreuve. Il faut cependant remarquer que les premiers sacrifices dont elle parle, ceux de Caïn et d'Abel, sont des sacrifices de prémices très caractérisés. Ce qui est offert à Dieu dans ces sacrifices, ce sont les premiers fruits du tra-

vail personnel de ceux qui les offrent : pour
Caïn, les premiers fruits de son travail de cultivateur; pour Abel, les premiers fruits de son
travail de pasteur. Et dans les deux cas, il
s'agit des moyens essentiels de subsistance
que l'homme se procure par son labeur propre.
Or, si même par rapport à ces produits, qui
cependant sont dans une certaine mesure le
fruit du travail créateur de l'homme, celui-ci
se tient pour obligé de reconnaître la suprématie de Dieu, à plus forte raison dut-il se
considérer comme tenu à le faire au cours
de la période précédente, où il utilisait les
produits spontanés de la nature, à l'égard
desquels la souveraineté et le haut domaine
de Dieu étaient beaucoup plus complets encore. On peut même dire que l'idée de sacrifice
de prémices n'a pas dû naître à l'occasion des
fruits qui étaient le produit exclusif ou partiel
du travail humain. Cette application ne peut
trouver sa source et son explication psychologiques que dans l'usage antérieur d'offrir en
sacrifice les premiers fruits spontanés de la
nature. Nous trouvons donc l'usage du sacrifice de prémices attesté dans les parties les
plus anciennes du récit de la Genèse. Si nous

considérons en outre que ces récits ne connaissent aucune autre espèce de sacrifice et si nous observons l'intention expresse qui s'y manifeste de raconter les premiers commencements de toutes choses, nous pouvons conclure que leur silence touchant les autres sortes de sacrifice équivaut à une négation positive de leur existence. Nous avons donc un nouveau point de concordance entre le récit biblique et les conditions de cet âge primitif, telles qu'elles nous apparaissent à la lumière des sciences profanes, puisque celles-ci non plus ne connaissent pas, pour la phase la plus ancienne de l'évolution religieuse, d'autre type de sacrifice que le sacrifice de prémices.

B. — *Preuve tirée de l'organisation sociale des peuples primitifs.*

Plus nombreuses encore que sur le terrain spécifiquement religieux nous apparaissent les concordances dans le domaine de l'évolution sociale. Ces concordances se manifestent jusque dans la manière de raconter les premiers commencements de l'organisme social.

Les peuples dont l'évolution est plus avancée, introduisent d'ordinaire dans leurs mythes relatifs aux origines, en les attribuant à ces premiers commencements, des formes qui appartiennent en réalité à des phases postérieures de l'évolution. Ils nous racontent l'apparition simultanée, ou à des intervalles rapprochés, avec ou sans la participation des dieux, de plusieurs « premiers » hommes, représentant les différentes nations ou conditions qu'ils trouvent dans leur groupe social ou dans leur voisinage.

C'est ainsi que les peuples appartenant à une phase culturelle aussi récente que l'est le système matriarcal à deux classes de mariage, placent d'ordinaire aux origines, comme premier ancêtre du groupe, une femme. Au contraire, les peuples qui se rattachent à la phase culturelle immédiatement antérieure, celle de la civilisation patriarcale avec totémisme local, ne connaissent, comme premier ancêtre de la tribu, qu'un homme. La situation nous apparaît tout autre, toutes les fois que nous possédons des renseignements sur ce sujet, chez les peuples appartenant aux phases culturelles les plus anciennes de toutes, chez les Australiens du sud-est et les Pygmées. Voici ce que nous voyons apparaître avec une régularité schématique : un Être suprême, et créé par lui ou sur son ordre, un couple humain, homme et femme, inaugurant la famille, qui est la base première de tout le développement social. Or, c'est tout à fait ce que nous trouvons dans le récit biblique de la création.

Ce récit a manifestement en vue l'union d'un seul homme avec une seule femme. Cette monogamie, à laquelle nous voyons se substituer la polygamie chez un grand nombre de peuples non-civilisés de formation plus récente, ou même de peuples civilisés, et même par endroits, la polyandrie, se trouve précisément mieux conservée dans les phases culturelles les plus anciennes. Elle est une des caractéristiques sociologiques les plus remarquables des Pygmées et Pygmoïdes, et chez les Australiens du sud-est, elle demeure la forme de beaucoup la plus répandue d'organisation familiale.

Déjà la monogamie en elle-même signifie et assure pratiquement l'égalité de la femme et de l'homme, tant au point de vue de la dignité intrinsèque qu'à celui de la considération extérieure. Dans le récit de la Genèse, cette idée est positivement et expressément inculquée à l'homme par les détails du récit si profond de la création d'Ève. On sait combien inférieure est la condition de la femme chez beaucoup de peuples non-civilisés et même civilisés, et dans quel dégradant esclavage elle est tombée chez un grand nombre de peuples. Or, cette fois encore, c'est précisément la phase la plus ancienne de la civilisation humaine à nous connue qui ignore cette dégradation, et qui offre au contraire le spectacle d'une égalité très accentuée entre la femme et l'homme. Cette égalité se manifeste, en particulier, par la liberté dont jouit la femme de se choisir un compagnon d'existence, par la situation honorée qu'elle occupe au sein de la famille et de la tribu, par l'attachement que lui témoigne son mari. Ce dernier point est fortement exprimé dans cette parole de la Sainte Écriture : « Voilà pourquoi il abandonnera son père et sa mère et s'attachera à sa femme. » C'est-à-dire qu'il brisera les liens de respect et de reconnaissance qui l'unissaient aux personnes qu'il aimait le plus jusque-là, à ses parents, et qu'il abandonnera ses parents pour l'amour, désormais plus profond, de sa femme.

Il s'est trouvé des exégètes « à la pensée libre » pour voir dans cette parole une réflexion que le rédacteur tardif de la Genèse ne comprenait plus et qu'il a conservée sans se douter qu'elle constituait un témoignage ancien en faveur de l'existence primitive du matriarcat. Or, le matriarcat représente une forme très inférieure d'organisation de la famille, où les enfants se rattachent si étroitement à la mère et à ses parents mâles, tout spécialement à l'aîné de ses frères, que leur appartenance au père et même la consistance de la famille, en tant qu'unité particulière, s'en trouvent compromises. Mais c'est perdre sa peine. Le texte de l'Écriture ne renferme rien qui suggère une supériorité sociale ou autre de la femme. La seule suprématie qu'il lui accorde est celle qu'elle exerce par l'amour sur son mari. Or précisément, cette suprématie-là n'apparaît que rarement aux phases plus récentes de l'évolution sociale, y compris la phase matriarcale, tandis que nous la constatons souvent, si même il ne faut pas dire le plus souvent, à la phase primitive, soit lors de la conclusion du mariage, soit dans le mariage même. La mutuelle inclination des futurs et leur liberté, même à l'encontre de la volonté des parents, ont un rôle si décisif, que souvent les futurs s'enfuient de chez leurs parents et contractent dans ces conditions une union que l'on tient pour une forme quasi légale de mariage. C'est ce qui arrive chez les Kurnaï et chez d'autres tribus du sud-est australien, chez lesquelles le droit patriarcal est cependant en pleine vigueur.

Non seulement il n'existe pas la moindre preuve d'où l'on puisse conclure à l'existence du régime matriarcal à l'époque du récit biblique ; mais nous avons même une preuve positive du contraire dans le fait que l'époque à laquelle il se réfère doit être tenue pour antérieure à la phase culturelle qui vit l'apparition du matriarcat, puisqu'elle remonte au delà de la phase totémiste, antérieure elle-même au matriarcat. La phase totémiste est caractérisée par ceci que, des animaux le plus souvent, plus rarement des plantes ou des objets inanimés sont considérés par l'homme comme sacrés. On ne peut ni en manger ni les tuer et l'homme se croit uni à eux par des liens intimes. Il voit en eux soit des ancêtres, soit des alliés et protecteurs. L'animal, la plante, l'objet matériel en question reçoivent le nom de totem. Ou bien chaque individu a son totem propre, et c'est le totémisme individuel. Ou bien un groupe de familles habitant le même endroit possèdent un totem commun, que, primitivement, les enfants héritent de leur père; c'est le totémisme local. Le totémisme exclut originairement le mariage entre individus possédant le même totem; c'est l'exogamie.

Or, tandis que dans le totémisme, l'animal ou la plante totem sont considérés comme un ancêtre qu'on doit honorer ou comme un allié secourable, et, en tant que tel, égal ou même supérieur à l'homme, le récit de la création d'Ève, au contraire, écarte positivement l'idée que les animaux puissent être pour Adam des compagnons et des égaux. Et c'est précisément à cause de leur impuissance à tenir ce rôle qu'Ève est créée pour être la compagne d'Adam. Le langage attribué au serpent ne saurait non plus être interprété dans le sens d'un commerce entre un animal et l'homme. Nous l'avons montré plus haut. En aucun autre endroit de la Sainte Écriture, nous ne voyons quelque animal que ce soit promu à la dignité de compagnon de l'homme (1).

Si large que puisse être la diffusion du totémisme parmi les peuples non-civilisés actuellement existants, et si fréquente que puisse être la découverte, chez des peuples civilisés, de vestiges attestant qu'ils ont jadis connu le totémisme, ce n'en est pas moins une grossière erreur de prétendre, comme le font tant de savants entichés de totémisme, que tous les peuples ont passé par cette phase de l'évolution spirituelle de l'humanité (2). C'est une

(1) Cf. V. ZAPLETAL, O. P., *Totemismus und die Religion Israel*, Fribourg, Suisse, 1901.

(2) C'est ainsi que S. REINACH attribue au totémisme dans l'évolution religieuse de l'humanité un rôle beaucoup plus étendu, beaucoup plus profond, beaucoup plus primitif aussi, que les faits n'autorisent à le faire (*Orpheus*, Paris, 1909, p. 20 ss., 267 ss. et passim). S. Reinach, si affirmatif dans son *Orpheus*, l'était beaucoup moins l'année précédente, lorsqu'il disait aux membres de la section : Grèce et Rome, du Congrès d'Histoire des religions d'Oxford, 1908 : « Il est, à la vérité, fort possible que les recherches futures et une plus compréhensive appréciation de l'ensemble des travaux publiés au cours des premières années de ce siècle, conduisent à cette conclusion, déjà suggérée par plus d'un savant, que l'orphisme, *de même que le totémisme*, est devenu un dada, et même un dada fourbu » (*Transactions of the third international Congress for the History of Religions*, II, Oxford, 1908, p. 118). Naturellement il s'agit non pas du totémisme comme fait, dont la réalité et l'extension ne sont pas en question, mais du totémisme comme système d'histoire des religions. Sur le totémisme comme fait et sur sa signification probable, voir dans *Semaine d'ethnologie religieuse* ;

non moins grossière erreur de regarder le
totémisme comme la phase initiale de cette
évolution, où l'homme, s'éloignant peu à peu
de l'animalité, aurait gardé, tout vivant
encore, le souvenir de ses attaches originelles avec le monde animal (1). Il existe deux
ou trois phases culturelles qui, dans toute
leur étendue, ignorent le totémisme. Or,
elles doivent précisément se placer tout au
début de l'évolution humaine; elles en sont
les phases initiales. Cette fois encore il s'agit
des Pygmées et des Australiens du sud-est.
Chez aucun de ces peuples, on ne trouve
en tout cas nulle trace de totémisme proprement dit, de totémisme local. Chez les
Andamanais nous découvrons ce qu'on pourrait appeler du totémisme individuel. Mais
ces animaux seuls n'y sont pas mangés,
dont l'usage est tenu pour nuisible à l'esto-
mac de l'intéressé, et nulle sorte de respect
ne leur est témoigné. Les traits spécifiques
du totémisme font défaut, qui implique tou-

Compte rendu etc., les conférences de P. Schmidt, de P. Trilles,
de M. de Jonghe, de M. Capart (*op. cit.*, pp. 225-278). T.

(1) C'est l'erreur où tombe par exemple É. Durkheim dans son
récent ouvrage : *Les formes élémentaires de la vie religieuse :
Le système totémique en Australie*, Paris, Alcan, 1912. T.

jours le sentiment d'une relation intime avec l'animal. On pourrait plutôt penser que le vrai totémisme individuel est sorti de faits analogues à ceux que nous constatons chez les Andamanais. Dans ce cas, son origine n'aurait rien de mystérieux et serait même tout ce qu'il y a de plus prosaïque.

Chez les Pygmées Semang de Malacca et chez les Australiens du sud-est, nous trouvons ce qu'on a appelé le totémisme sexuel. La totalité des hommes d'une même tribu ne peut manger ni tuer certains petits oiseaux, la totalité des femmes est soumise à de semblables interdictions par rapport à d'autres petits oiseaux. Chez les Australiens du sud-est, cette croyance revêt la forme suivante, qui représente un pas de plus dans l'évolution et qui se rapproche davantage du totémisme proprement dit. L'oiseau en question est considéré, soit comme un parent, frère ou sœur selon les cas, soit comme un ancêtre de la tribu, et on lui attribue la distinction entre les hommes et les femmes. Mais des traces subsistent dans ces tribus elles-mêmes, indiquant qu'elles avaient jadis des conceptions analogues à celles des Semang. C'est donc chez ceux-ci que nous devons chercher la forme la plus ancienne de cette croyance. Or, chez les Semang, l'oiseau n'est pas un parent. Il est le porteur de l'âme ou mieux l'âme elle-même sous la forme d'un petit oiseau. Cet oiseau envoyé par Kari, l'Être suprême, derrière le trône duquel, au ciel, dans les rameaux d'un grand arbre, toutes les âmes des hommes à venir, sous la forme d'un petit oiseau, font leur séjour, volète deci, delà, pour entrer dans le corps d'un être humain destiné à naître prochainement, et dont il sera l'âme. Lorsqu'une femme se trouve enceinte, son mari tue le premier oiseau-âme qu'il rencontre. La femme en mange la chair et croit par ce moyen introduire l'âme dans le fœtus. L'oiseau-âme n'est donc qu'un grossier symbole de l'âme, que l'on compare à la nature légère et aérienne des petits oiseaux.

Ce qu'il y a de remarquable dans cette croyance, c'est cette idée juste que, tandis que le corps doit son origine à l'union des sexes, l'âme est envoyée directement par Dieu. Il est pareillement intéressant de voir attribuer à la femme et à l'homme des oiseaux-âmes différents et, rapporter par suite les différences existant entre l'homme et la femme non pas aux seules propriétés corporelles, mais aussi et peut-être davantage aux caractères psychiques. Ici non plus nous n'avons donc pas de totémisme proprement dit. Il est toutefois fort possible que le totémisme véritable provienne en partie de la combinaison du totémisme sexuel avec le totémisme individuel.

Quoi qu'il en soit, le récit biblique, en excluant toute espèce de conception totémiste, nous donne une fois de plus l'impression d'appartenir aux phases les plus anciennes et tout à fait primitives de l'évolution humaine.

C. — *Preuve tirée de l'état économique des peuples primitifs.*

Nous trouvons sur le terrain économique une dernière et remarquable concordance entre le récit de la Sainte Écriture et les données de la science profane.

Il ressort clairement de la nature même des choses et des recherches scientifiques précises que l'évolution économique a débuté par la phase dite de chasse et de simple cueillette, où l'homme chassait et récoltait ce que la nature lui offrait d'elle-même et sans la collaboration du travail humain dans le domaine animal et végétal. Cette récolte est assurément un travail qui n'a rien de pénible dans les régions où règne la fécondité tropicale. C'est même tout autant une joie qu'un travail, puisqu'elle introduit l'homme plus avant dans toute la sagesse et toute la beauté de la nature.

Cette phase économique existe toujours chez les peuples Pygmées, chez les Australiens et chez certaines tribus indiennes de l'Amérique du Sud. Seulement, il convient de remarquer que presque tous ces peuples se trouvent actuellement refoulés dans des régions peu favorisées. Lorsque tel n'est pas leur cas, ils offrent toujours, à cet égard, l'exemple le plus fidèle de cette vie facile et heureuse que l'homme menait dans le paradis (1). Car dans

(1) M⁅ʳ⁆ Le Roy écrit à propos des Négrilles africains : « Assurément, l'atavisme séculaire, qui pèse aujourd'hui sur eux, ne les dispose guère au progrès tel que nous l'entendons. Mais ce qu'ils sont aujourd'hui, ils le sont parce qu'ils *veulent* l'être; et ils veulent l'être par cette double raison — tous me l'ont donnée — d'abord, parce que Dieu les a faits ainsi, que c'est là leur « manière », et qu'ils n'en sauraient changer sans disparaître, pas plus que les singes ne pourraient cesser de grimper dans les arbres, les oiseaux de voler dans l'air, les poissons de vivre dans l'eau. Et puis, ajoutent-ils, n'ayant besoin ni de maisons, ni de cultures, ni de troupeaux, n'excitant par leurs richesses la jalousie de personne, libres dans la forêt sans fin, vivant

le paradis, le travail n'était pas une nécessité imposée par le besoin de se procurer la nourriture indispensable. C'était uniquement une manière naturelle et pleine d'allégresse d'exercer les forces du corps et de l'âme. Même, lorsque après la chute le travail eut été imposé par Dieu comme une nécessité, il n'est pas nécessaire de supposer que cette malédiction se soit réalisée dans toute son ampleur en la personne même d'Adam. Le temps ne devait pas lui manquer pour porter ses fruits dans l'humanité entière. Il importait donc peu non seulement qu'Adam, dans la mesure où le lui permettait la région où il vivait, continuât de se dispenser en partie de travail, mais même que quelques-uns de ses descendants, se trouvant placés dans des conditions plus favorables, conservassent, dans la mesure du possible, l'ancienne manière de vivre libre de soucis. C'est ce que font les peuples qui en sont toujours à la phase culturelle de la chasse et de la simple cueillette.

sans travail, connaissant tous les secrets des choses, ils auraient finalement le meilleur sort qui puisse être fait à l'homme si, de temps à autre, Dieu ne descendait parmi eux pour visiter leurs campements et frapper quelqu'un des leurs... » (*La religion des primitifs*, Paris, Beauchesne, 1909, p. 414 s.). T.

Peut-être devons-nous voir, dans quelques-uns des détails de l'histoire du paradis, un reflet de cette division du travail, qui caractérise la plus ancienne phase économique de l'évolution humaine.

Dans cette phase, c'est la tâche de l'homme de s'occuper des animaux et de se procurer par la chasse la part qu'ils doivent fournir à l'alimentation. Il n'est pas douteux, dans ces conditions, que l'homme doive connaître plus à fond le règne animal qu'il n'est donné à la femme de le faire. Les figures d'animaux, d'une si frappante vérité plastique, que l'on trouve chez beaucoup de peuples qui en sont précisément à cette phase économique de la chasse, chez les Bochimans, par exemple, confirment nettement notre hypothèse. Le rôle de la femme, au contraire, dans cette phase dont nous parlons, est de s'occuper de la partie végétale de l'alimentation, et de recueillir les fruits, baies, feuilles, racines comestibles ou médicinales. Il est donc naturel que le monde des plantes lui soit familier.

Dans le paradis, c'est à Adam que les animaux sont conduits, et c'est lui qui leur donne des noms. Ce trait rappelle nettement cette familiarité de l'homme avec le règne animal dont il vient d'être parlé. Là encore nous avons une concordance positive. Le récit biblique ne nous dit pas si c'est Ève qui plus tard donne des noms aux plantes. Les ethnologues évolutionnistes, dont on sait qu'ils ont la conjecture facile, seraient mal venus à nous reprocher de regarder comme probable l'hypothèse affirmative. Nous avons comme une image renversée de ce rôle d'Ève donnant des noms aux plantes et aux fleurs dans la coutume qui s'observe chez l'un des peuples les plus primitifs, les Pygmées de l'île d'Andaman, de donner aux filles le nom de fleurs dont c'est la saison de fleurir au moment de leur naissance. L'histoire du paradis, avons-nous écrit, ne nous dit rien sur ce point. Peut-être cependant le fait que c'est précisément Ève qui s'approche de l'arbre de la science et en cueille le fruit, qu'elle offre ensuite à manger à son mari, n'est-il pas dépourvu de toute signification à ce point de vue. Peut-être n'y faut-il pas voir uniquement un trait de convoitise féminine. Si le fruit n'avait pas été défendu, cet acte d'Ève n'aurait été, pour ainsi dire, que l'accomplissement normal de la part d'activité qui lui appartenait en propre. Dans cette hypothèse, nous comprendrions mieux toute la portée de l'excuse alléguée par Adam pour se disculper: « La femme que tu m'as donnée, me l'a présenté et j'en ai mangé. » Adam ferait allusion au rôle propre de la femme dans la répartition de l'activité destinée à assurer l'alimentation.

De ce régime de simple cueillette sortit l'exploitation de la nature, du règne animal et végétal, par le travail propre de l'homme, qui tendait à accroître, à élargir et à diriger la productivité des agents naturels. La forme la plus ancienne d'exploitation pastorale doit être l'élevage du menu bétail, chèvres et brebis. De même, la forme primitive d'exploitation agricole est, sans nul doute, le jardidinage, c'est-à-dire la culture, par les femmes principalement, de portions peu étendues du sol.

Or, nous les voyons naître l'un et l'autre parmi les premiers descendants d'Adam. L'opposition que la Sainte Écriture signale entre Caïn et Abel, est pareillement attestée par la science des religions. C'est précisément la culture du sol qui donne naissance à quantité de formes religieuses inférieures. Nous voyons alors apparaître les rites magiques de fécondité, par lesquels on prétend agir sur les conditions atmosphériques et accroître artificiellement la fécondité du sol. Ces pratiques magiques sont souvent liées à des rites phalliques. Au contraire, parmi les tribus pastorales se conserve, dans une plus grande pureté que chez les autres peuples de civilisation déjà avancée, l'antique et simple culte de l'âge primitif.

Tous les détails que nous venons de passer en revue mettent en belle lumière le caractère archaïque des données bibliques relatives à l'époque où la révélation primitive est censée se produire. Ils attestent que ce récit lui-même remonte aux plus anciennes phases de l'évolution humaine. La situation qu'il nous décrit n'a pu exister qu'à cette phase tout à fait primitive. Pour toutes les phases postérieures de l'évolution notre récit serait impossible, un tissu d'anachronismes. Nous, savants du xx⁰ siècle, après d'innombrables recherches ethnologiques, nous nous trouvons encore en état de nous former sur beaucoup de points une image relativement exacte des premiers commencements du genre humain. Mais il est naturellement impossible que les Israélites, à une époque récente quelconque de leur histoire, aient pu tracer, aient pu créer de toutes pièces une telle image. A supposer que les Israélites l'aient réellement entrepris, l'image à laquelle ils auraient abouti eût été tout autre. Elle aurait probablement ressemblé à celle que nous offrent les récits babyloniens relatifs aux premiers commencements de l'humanité et où l'on découvre à tout moment les signes manifestes d'une origine tardive ou à tout le moins de récents remaniements. Si donc nous trouvons, au contraire, dans le livre sacré des Israélites une description étonnamment fidèle de cet âge primitif, c'est que nous avons affaire à des traditions auxquelles leur caractère sacré a permis de traverser des millénaires ; c'est que la version de ces traditions que nous lisons dans la Genèse a chance de remonter elle-même à une époque beaucoup moins éloignée qu'on ne le croit souvent de cet âge primitif dont elle prétend nous retracer l'image.

II

PREUVE SPÉCIALE TIRÉE DE L'HISTOIRE DES RELIGIONS.

A. — *Contre l'École de Wellhausen.*

Après tout ce qui vient d'être exposé, il ne nous est plus très difficile d'apercevoir le néant des efforts tentés par l'école de Wellhausen, lorsque lui appliquant sa méthode faussement décorée du nom d'historico-critique, elle s'attaque à l'histoire primitive de la Bible. Les récits dont cette histoire est formée, ne seraient pas autre chose, assure-t-elle, que les mythes de tribus bédouines qui honoraient Jahvé comme leur grand dieu protecteur, mais qui, pour le reste, étaient complètement polythéistes. Comme il arrive toujours en pareil cas, les traces de polythéisme ne disparurent de cette histoire primitive que grâce au travail postérieur de rédaction sacerdotale. Encore le succès de cette épuration ne fut-il pas complet. Des traces de polythéisme, par exemple la pluralité des noms divins, subsistent toujours dans les récits bibliques.

Nous n'avons pas à rechercher ici dans

quelle mesure cette école trouve un point d'appui pour ses théories dans des considérations de critique textuelle et littéraire. Mais pour ce qui est de ceux de ses principes qui intéressent l'histoire générale des religions, et qui d'ailleurs exercent l'influence de beaucoup la plus considérable, ils ne représentent ni plus ni moins qu'une acceptation sans critique des thèses de l'ancien évolutionnisme, telles qu'elles ont été formulées soit par Tylor, soit par Spencer. Or, nous avons dit plus haut à quel point ces thèses apparaissent insoutenables aujourd'hui.

Il est, par exemple, tout à fait arbitraire de prétendre que les anciennes tribus sémitiques étaient originairement polythéistes. Rien ne s'oppose, même au point de vue de la science pure, à ce que nous admettions que les anciennes traditions des tribus sémitiques étaient monothéistes et d'un monothéisme d'autant plus pur qu'elles remontaient à une époque plus reculée. Rien ne s'oppose à ce que nous admettions que, même à une époque récente, elles continuaient de s'inspirer d'un monothéisme relativement pur. Une fraction importante des Sémites demeura longtemps nomade et continua de parcourir, jusqu'à une époque tardive, les solitudes désertiques. Or, la science des religions atteste que ce sont ces sortes de peuples qui ont le mieux conservé le monothéisme ancien.

La supposition d'après laquelle l'auteur inspiré des premiers chapitres de la Genèse aurait recueilli et pris pour base de son récit les traditions anciennes de son peuple ne soulève aucune objection. Bien plus, on la doit tenir pour naturelle et pour la plus vraisemblable. Il est fort possible que cet auteur ait eu à en écarter certains anthropomorphismes par trop grossiers et toute une série d'expressions matérielles à l'excès, dont l'âme populaire, à laquelle on devait la conservation de ces traditions, en avait peu à peu revêtu le contenu. C'est au contraire une conjecture, que rien ne justifie, de prétendre que le rédacteur s'est trouvé dans la nécessité de modifier la substance même du récit traditionnel, pour le purifier du polythéisme dont il était tout pénétré. L'allure générale des récits, tels qu'ils nous sont parvenus, et une foule de détails concrets, comme le montrent les comparaisons que nous avons instituées, prouvent que cette histoire est en parfait accord avec ce que nous savons par ailleurs des conditions réelles de l'âge primitif, et avec ces conditions-là seulement. Une époque plus récente aurait infailliblement introduit des traits d'un tout autre genre, des corrections, par exemple, dans la description de Dieu et de son culte, dans l'exposé de l'état social.

B. — *Contre les attaques des assyriologistes (Delitzsch, etc.).*

a) L'ancienneté du récit du Paradis.

La théorie de Wellhausen n'est pas seule atteinte par les faits que nous avons exposés plus haut. Grâce à eux, nous nous trouvons déjà suffisamment armés, si l'on envisage la question au point de vue des principes, pour repousser les objections qu'on a voulu tirer des brillants résultats des recherches assyro-babyloniennes contre l'authenticité et l'historicité des récits bibliques relatifs aux origines. Delitzsch, Zimmern et Winckler se sont particulièrement distingués dans ce genre d'attaques. Sur le terrain de la mythologie, Gunkel s'est pareillement engagé assez avant dans cette voie. Delitzsch a pris position sur le front même de la bataille par la façon bruyante dont il a posé la question : *Babylone et la Bible* (1). Toutefois il n'a rien versé de bien nouveau au débat, et il n'y a pas lieu de lui faire ici une place à part. Nous le mettons à son rang dans le groupe dont nous venons d'énumérer les protagonistes, et dont nous allons examiner en bloc les objections et critiques contre la révélation biblique primitive.

(1) Le R. P. CONDAMIN raconte en ces termes les incidents auxquels le P. Schmidt fait allusion : « Dans une conférence donnée le 13 janvier 1902 à Berlin, et publiée ensuite sous le titre *Babel und Bibel, Babylone et la Bible*, Fried. DELITZSCH, pour fournir un nouveau stimulant aux contributions pécuniaires en faveur des fouilles pratiquées par les Allemands, exaltait la grandeur de Babylone dans des exagérations et des comparaisons où la Bible était fort maltraitée. Les affirmations partiales et brutales de l'éminent assyriologue, fourvoyé dans des questions théologiques, suscitèrent une controverse de plusieurs années. Une multitude de brochures, force articles de revues et de journaux furent publiés en Allemagne depuis 1902. L'empereur lui-même se jeta dans la mêlée, et, dans une lettre écrite le 15 février 1903 à l'amiral Hollmann, il exposa ses sentiments sur la révélation, et il déclara que Delitzsch avait eu tort de quitter le terrain de l'assyriologie pour faire une incursion des plus malheureuses sur celui de la théologie. Le professeur HARNACK intervint pour apprécier la lettre de l'empereur. Puis une foule d'exégètes et de critiques donnèrent leur avis : ED. KÖNIG, OETTLI, KITTEL, BUDDE, DÖLLER, BAENTSCH, GUNKEL etc., et plusieurs assyriologues : HOMMEL, ZIMMERN, ALF. JEREMIAS, WINCKLER, BEZOLD, JENSEN, O. WEBER et encore DELITZSCH qui répliqua, s'expliqua et continua, dans le même sujet, une exploitation aussi facile que lucrative » (*Babylone et la Bible, Dictionnaire apologétique de la Foi catholique*, 4° éd. fasc. 2, 1909, col. 334). T.

14

En gros, ces objections consistent à prétendre qu'Israel est tout pénétré d'influences babyloniennes et que, jusque dans les plus petits détails, il est sous la dépendance de la civilisation et de la religion babyloniennes. C'est ce que nous révélerait l'examen de l'histoire biblique primitive elle-même. Nous pouvons prouver aujourd'hui, de façon précise et suivie, assurent ces assyriologues, après la découverte des récits assyro-babyloniens de la création et du déluge, la dépendance de cette histoire à l'égard de Babylone. Les partisans de cette théorie s'opposent donc catégoriquement aux représentants de la tendance Stade-Wellhausen, pour qui l'influence babylonienne n'a commencé de s'exercer sur Israël qu'à l'époque de l'exil ou même après l'exil. Ils insistent sur ce que l'histoire d'Israël, depuis ses premiers commencements, depuis le temps des patriarches, se trouvait sous l'influence de la civilisation babylonienne, à laquelle étaient soumis, dès cette époque, la vallée du Jourdain et le pays de Canaan. Il faut reconnaître que les assyriologues ont mis en lumière un grand nombre de détails établissant la réalité de cette influence. Et à ce point de vue, l'on peut dire qu'ils ont porté des coups mortels au système de Wellhausen (1).

Mais les assyriologues dont nous parlons, n'ont pas réussi à s'affranchir complètement, dans le domaine des principes généraux de la science des religions, des préjugés de l'école de Wellhausen. Cette impuissance est imputable à l'étroitesse de leur champ de vision, qui ne s'étend guère, d'habitude, au delà du domaine assyro-babylonien, et à leur indifférence à l'endroit des résultats obtenus par l'ethnologie générale. Toutes les fois qu'ils constatent des points de contact entre Israël et les pays riverains de l'Euphrate, — en vérité, il serait bien extraordinaire qu'il n'y en eût pas, étant données la proximité et l'étroite parenté ethnique en beaucoup de cas, — ils concluent, sans autre formalité, que l'emprunt est toujours du côté d'Israël, et l'originalité du côté de Babylone. Les absurdités auxquelles les conduit cette manière de raisonner sont souvent très significatives.

(1) On trouvera un examen d'ensemble des rapprochements établis par les assyriologistes radicaux ou panbabylonistes entre les documents cunéiformes et la Bible dans l'article précité du P. CONDAMIN : *Babylone et la Bible, Dictionnaire apologétique*, etc., col. 327-390. T.

C'est une absurdité, par exemple, le mot n'est pas trop fort, de prétendre faire sortir le monothéisme israélite d'un monothéisme assyro-babylonien. Car enfin où est-il ce monothéisme assyro-babylonien? Où le trouve-t-on? Les documents les plus anciens que nous possédions, ceux qui se rapportent à la période présémitique ou suméro-accadienne, nous révèlent déjà un panthéon très développé, et l'invasion sémitique, bien loin de réduire le nombre des dieux, n'a pu au contraire que l'accroître. Lorsque Delitzsch et d'autres affirment que, dans la doctrine secrète des prêtres, cette multiplicité se trouvait ramenée à l'unité, la part de vérité, d'ailleurs assez minime, que peut contenir cette opinion, ne vaut que pour une époque récente. Elle ne s'étend pas à cette période plus ancienne, où le monothéisme moral d'Israël était déjà parfaitement constitué, et non pas, la remarque est d'importance, comme une doctrine sacerdotale et secrète, mais comme le patrimoine spirituel de tout un peuple.

Il est vrai que la personnalité du dieu Anou occupe une place à part, à l'origine et en théorie, dans le ciel des dieux assyro-babyloniens.

Mais son culte réel et finalement sa prééminence théorique elle-même allèrent s'affaiblissant progressivement à mesure que la civilisation se développait. Par contre, plus nous nous enfonçons dans le lointain passé, plus la considération dont il jouit nous apparaît grande, et certains indices suggèrent qu'il devait être antérieurement le seul dieu reconnu. Mais lorsque, prenant pour base et élément de comparaison la durée de l'évolution récente et historique, nous nous efforçons de déterminer approximativement l'époque où florissait le culte d'Anou comme dieu unique, nous nous trouvons reportés jusqu'en des temps si anciens que toute espèce de document susceptible de fournir des données chronologiques précises nous fait défaut. Et il se pourrait que nous ne soyons plus alors bien éloignés de cet âge primitif dont nous trouvons la description dans le récit biblique. Mais tandis que l'évolution qui, partant de cette époque primitive, devait aboutir aux Israélites, conservait purs le monothéisme et les traditions relatives à l'histoire primitive du genre humain qui s'y rattachent, nous découvrons chez les Assyro-Babyloniens,

14.

dès les plus anciens documents qui nous soient parvenus, une déformation assez avancée déjà, et qui ira s'aggravant à mesure que progressera la civilisation extérieure (1).

C'est encore une absurdité d'affirmer, avec Schrader-Zimmern (2), que le dieu babylonien Anou a fourni la première idée de ce séjour au ciel, de ce trône dans les cieux, que nous voyons attribuer à Jahvé, Dieu d'Israël. On ne paraît pas se douter que cette conception d'un dieu céleste est courante chez les peuples non-civilisés et qu'elle est générale, y compris la notion de siège ou de trône, chez les peuples les plus anciens, les Pygmées et les Australiens du sud-est.

La grosse erreur de ce système, c'est de toujours mettre les emprunts au compte d'Israël et de ne jamais envisager le cas contraire, ni non plus la possibilité d'une troisième hypothèse. Et cette troisième hypothèse, c'est qu'Israël nous aurait conservé

----

(1) Voir sur le monothéisme israélite et celui des Babyloniens l'ouvrage important de J. HEHN : *Die biblische und die babylonische Gottesidee*, Leipzig, 1913.

(2) SCHRADER-WINCKLER-ZIMMERN, *Die Keilinschriften und das Alte Testament*, 3 Aufl., Berlin 1903, p. 72 s.

une forme plus ancienne et meilleure de la tradition, tandis que la forme assyro-babylonienne, en dépit ou plutôt à cause de son plus riche développement, serait le fruit d'une tardive évolution.

Il semble que nous possédions maintenant, fournie par les recherches assyriologiques elles-mêmes, une preuve documentaire dans toutes les formes, de la justesse de cette dernière hypothèse. Au cours de sa quatrième campagne, en 1909, le professeur H. V. Hilprecht (1), chargé de poursuivre des fouilles à Nippour, a trouvé les restes de la bibliothèque de l'école et des anciennes archives annexées au temple de Bel, environ 22.000 pièces, et parmi elles une tablette contenant un fragment d'un récit du déluge, ou plus précisément l'annonce de ce cataclysme. La rédaction ne semble pas en être postérieure à l'année 2005 avant Jésus-Christ (entre 2137 et 2005). Ce récit serait donc antérieur de près de 1500 ans aux plus anciennes versions connues jusqu'ici du récit babylonien du déluge, qui proviennent toutes

(1) S. H. V. HILPRECHT, *Der neue Fund zur Sintflutgeschichte aus der Tempelbibliothek von Nippur*, Leipzig, 1910.

de la bibliothèque d'Assourbanipal (668-626 av. J.-C.)(1). Or, ce nouveau et très ancien récit du déluge concorde sur des détails tout à fait caractéristiques avec celui des deux récits bibliques du déluge que l'école de Wellhausen attribue au document P, c'est-à-dire au Code sacerdotal et qu'elle estime avoir été composé en Babylonie vers l'an 500 avant Jésus-Christ.

C'est un désastre pour l'école de Wellhausen. Mais c'est un échec aussi, et sévère, pour les assyriologues radicaux dont nous avons parlé. En effet, nous avons ici la preuve documentaire que notre récit biblique est de quinze siècles plus ancien que le récit cunéiforme dont on s'est souvent servi pour l'attaquer, en affirmant que c'était ce dernier qui était l'original et que le récit biblique n'en était qu'une révision monothéiste. Même cet ultime refuge se trouve interdit à la critique radicale. Le professeur Hilprecht fait remarquer en effet que, dans la nouvelle version, ce n'est plus le dieu subordonné Éa,

(1) Pour les autres versions du récit babylonien du déluge, voir P. Dhorme, O. P., *Choix de textes religieux assyro-babyloniens*, Paris, Gabalda, 1907, pp. 100-125. T.

dieu des eaux de l'apsou, qui amène le déluge, comme dans la forme plus récente du récit cunéiforme, mais Enlil, le grand dieu de Nippour : « Ici donc, écrit-il, comme dans le récit biblique, c'est le Seigneur de l'univers qui cause le déluge et qui sauve Noé de la mort en lui faisant connaître son dessein et en lui enjoignant de construire l'arche (1). »

Ce que nous avons réussi à établir, en nous appuyant sur un document cunéiforme, par rapport à un récit si rapproché de l'époque où s'accomplit la révélation primitive, nous espérons pouvoir le faire, et de façon tout aussi convaincante, quoique nous n'ayons plus ici à notre disposition que les seuls critères internes, en ce qui concerne les récits relatifs à la révélation primitive elle-même. Cette fois encore, nous constatons dans le récit biblique la présence de formes beaucoup plus anciennes que toutes celles que peuvent offrir les récits cunéiformes parallèles.

Tout le monde accorde qu'il n'existe pas, dans la littérature cunéiforme, d'histoire du

____

(1) HILPRECHT, *op. cit.*, p. 60.

paradis qui soit vraiment parallèle au récit biblique. Et c'est déjà un fait assez significatif. Mais on cherche à rendre le parallélisme un peu plus marqué en réunissant deux documents très différents l'un de l'autre et par leur contenu et par leur date, le mythe d'Adapa et l'épisode d'Éabani dans l'épopée de Gilgamech. Or nous avons la preuve que le récit biblique est bien antérieur à ces deux textes cunéiformes. Cette remarque s'applique tout spécialement à l'épopée de Gilgamech, dont fait partie ce récit tardif du déluge que nous avons mentionné plus haut, et qui, par conséquent, provient, elle aussi, de la bibliothèque d'Assourbanipal (668-626 avant J.-C.). Nous possédons en outre, à la vérité, un fragment de cette épopée remontant aux environs de 2100 avant Jésus-Christ. Mais il représente, comme Zimmern le reconnaît, « une forme de l'épopée sensiblement différente dans le détail », et il ne contient pas l'épisode d'Éabani qui nous intéresse ici (1). Quant au mythe d'Adapa, il provient des archives diplomatiques de Tell el-Amarna, et doit donc être placé

(1) SCHRADER-WINCKLER-ZIMMERN, *op. cit.*, p. 567.

entre 1500 et 1300 avant Jésus-Christ (1).

H. Gressmann a déjà proposé pour le récit biblique du paradis une date qui nous reporte vers l'an 1300 au plus tard (2). Il signale, en effet, que dans la description destinée à localiser le paradis (*Gen.*, II, 14), le troisième fleuve, qui est le Tigre, est donné comme coulant qidmath Assur, ce que l'on traduisait jadis par : devant Assur (*Vulgate* : contra Assur), mais qu'il faut en réalité traduire : à l'est d'Assur (3). Or, cette notice, qui autrefois ne disait rien, se trouve aujourd'hui confirmée par les fouilles. Elles nous ont révélé que, de fait, l'ancienne capitale Assur se trouvait sur la rive droite, c'est-à-dire à l'ouest du Tigre, et que la résidence royale ne fut transférée à Kalḫi (Kaleḫ), sur la rive orientale, que sous Salmanassar Iᵉʳ, vers l'an 1300 (4). Cette notice du récit biblique du paradis doit donc avoir

(1) Ces documents sont traduits dans DHORME, *Choix de textes* etc., pp. 148-158; 187 ss. T.

(2) H. GRESSMANN, *Mythische Reste in der Paradieserzählung*, *Archiv für Religionswissenschaft*, Band X (1907), p. 347.

(3) C'est d'ailleurs ainsi que traduit *la Vulgate* dans les trois autres endroits où l'expression se rencontre encore : *Gen.*, IV, 16; I *Samuel*, XIII, 5; *Ezéch.*, XXXIX, 11.

(4) SCHRADER-WINCKLER-ZIMMERN, *op. cit.*, p. 32.

été écrite avant 1300, puisque à partir de cette date Assur, comme résidence royale, s'étendait jusque sur la rive gauche ou orientale du Tigre

La remarque de Gressmann est juste en substance. Mais si on la débarrasse des erreurs qui s'y mêlent, elle prend une valeur beaucoup plus grande encore. C'est, en effet, une erreur de croire qu'il s'agit ici de la ville d'Assur. Assur, comme ville, n'est mentionnée nulle part dans l'Ancien Testament. Ce serait ici le seul endroit où l'on en parlerait. Mais ici non plus ce n'est pas d'elle qu'il est question. En effet, les deux premiers fleuves du paradis, le Phison et le Géhon, sont localisés par rapport au pays qui longe leur cours, et nullement par rapport à des villes. Il n'en va pas autrement pour le Tigre, et c'est à l'orient du *pays* d'Assur qu'il est dit couler. Cette affirmation paraissait jadis si incroyable que Gesenius, par exemple, écrit dans son Dictionnaire hébraïque (1) : « Dans son sens primitif, le nom d'Assyrie désigne uniquement, en réalité, la région

____

(1) Encore la 11e édition ; de même HOBERG dans son commentaire de la *Genèse*. FR. VON HUMMELAUER est déjà dans le vrai.

qui fut le berceau de l'empire assyrien et qui se trouvait à l'est du Tigre » (p. 78). Ceci n'est vrai que pour la période où l'empire assyrien atteignit son apogée, vers 800 avant Jésus-Christ. Par contre, de même que l'ancienne capitale Assur se trouvait sur la rive droite, le territoire primitif d'Assur devait pareillement s'étendre à l'ouest du Tigre. C'est seulement dans la suite que les rois batailleurs d'Assur conquirent des territoires sur la rive gauche et étendirent leur empire vers le nord-ouest. Les premiers renseignements qui nous révèlent l'existence de territoires assyriens sur la rive gauche du Tigre remontent à l'époque où la dynastie cosséenne régnait à Babylone (1). Donc la notice biblique relative aux fleuves du paradis doit être antérieure à 1800 avant Jésus-Christ, puisque à partir de cette date l'Assyrie s'étendait non plus seulement à l'ouest, mais partie à l'ouest et partie à l'est du Tigre. Cependant, d'après la presque totalité des exégètes, cette notice est une glose savante, introduite, pour préciser l'emplacement du paradis, par un auteur pour qui

(1) SCHRADER-WINCKLER-ZIMMERN, *op. cit.*, p. 34.

le récit biblique où il l'insérait, représentait déjà une très vieille histoire.

Nous pouvons par une autre voie encore nous rendre compte de la haute antiquité du récit du paradis. Cette version du déluge, dont nous avons vu plus haut que l'ancienneté en était attestée par le récit cunéiforme du déluge récemment découvert, qui lui-même remonte aux environs de 2100 avant Jésus-Christ, appartient au document que les critiques désignent sous le nom de Code sacerdotal (P). C'est à ce document qu'ils attribuent pareillement le premier chapitre de la Genèse. Or, le Code sacerdotal est regardé comme plus récent que cet autre document important, incorporé lui aussi dans la Genèse, qu'on appelle le document Jahviste (J), parce qu'il emploie comme nom divin, Jahvé. La date absolue, assignée par l'école de Wellhausen à la rédaction du Code sacerdotal, à savoir les environs de l'an 500 avant Jésus-Christ, est devenue, nous l'avons vu, tout à fait indéfendable. Mais nous conservons le droit de l'utiliser en qualité de date relative. De fait, les parties Jahvistes de la Genèse s'avèrent plus anciennes que les sections provenant du Code sacerdotal. Elles sont beaucoup plus naïves, imagées, anthropomorphiques que ces dernières, toutes chargées déjà de pensée abstraite et savante. Et puisque la rédaction du récit sacerdotal du déluge remonte à une date antérieure à 2100 avant Jésus-Christ, le premier récit de la création (*Gen.*, i) doit, selon toute vraisemblance, avoir été composé pour le moins à la même époque, et en tout cas pas après 2100. Il en résulte que le récit Jahviste du déluge (*Gen.*, ii-iii), et l'histoire du paradis qui en fait partie, étant plus anciens que le récit sacerdotal, doivent être reportés bien au delà de 2100 avant Jésus-Christ.

Nous retrouvons donc, par cette voie encore, à peu près la même antiquité à laquelle nous avait conduits l'examen chronologique de la notice relative aux fleuves du paradis.

Dans l'un et l'autre cas, le récit biblique du paradis se trouve remonter à une époque bien antérieure à celle des deux textes cunéiformes susceptibles de lui être comparés, le mythe d'Adapa et l'épisode d'Éabani dans l'épopée de Gilgamech. Il est de 600 ans au moins plus vieux que le premier et de 2000 ans peut-être plus ancien que le second.

b) Les parallèles assyro-babyloniens au récit du paradis.

Nous pourrions déjà nous regarder comme autorisés par les raisons qui viennent d'être exposées à saluer d'un sourire ironique toutes les tentatives faites pour établir que le récit du paradis dérive de ces deux textes cunéiformes, et à rejeter, sans plus de formalités, les hypothèses auxquelles elles donnent naissance. Mais nous voulons, pour superflu qu'il soit, nous accorder le luxe d'instituer une comparaison entre ces textes parallèles et le récit biblique. Nous y gagnerons de pouvoir prouver à posteriori que les récits cunéiformes sont le produit d'une évolution tardive et représentent une décadence manifeste. Commençons par l'épisode d'Éabani.

Éabani, que la déesse Arourou a formé d'argile, est un être tout pétri d'énergies corporelles et sensuelles, étonnamment velu et qui vit avec les bêtes. Un chasseur, dérangé par lui dans l'exercice de sa profession, lui amène, sur le conseil de Gilgamech, une courtisane qui n'a pas de peine à le séduire et qui l'entraîne après elle à la ville. Les animaux des champs le fuient maintenant. Éabani suit la femme à la ville. Dans la suite, il s'en dégoûte et il la maudit pour l'avoir privé de sa liberté. Chamach, le dieu du soleil, veut le détourner de proférer ces malédictions et lui représente que la femme l'a initié à la vie civilisée et à la politesse des mœurs.

Les ressemblances avec le récit biblique portent sur les points suivants : la création immédiate par un être divin, la vie parmi les bêtes, la perte de la liberté du fait de la femme. Comme différences fondamentales, il faut signaler en revanche : le motif de l'entrée en scène de la femme, qui est, dans la Genèse, de fournir à l'homme une aide semblable à lui, sa compagne naturelle, la seule possible, tandis qu'elle n'est introduite auprès d'Éabani que pour le perdre ; l'innocence délicate et naïve de l'histoire du paradis en face de la grossière et scandaleuse immoralité dont la légende d'Éabani est toute imprégnée. Il est clair que la légende d'Éabani ne saurait représenter quelque chose de primitif par rapport au récit du paradis. L'utilisation de cette légende pour la composition du récit du paradis comme histoire relative aux origines est une hypothèse qui ne soutient même pas l'examen. Il manque en particulier à la légende d'Éabani cette donnée indispensable, que requiert absolument l'histoire du paradis, de la première fondation de la famille. Car l'union d'Éabani et de la femme n'a pas d'autre objet que de satisfaire les sens. Il est, en revanche, parfaitement concevable que, d'un récit semblable à celui de la chute, une variante se soit peu à peu formée, laquelle, grâce surtout à la progressive déchéance sociale de la femme, aurait emprunté à ce récit, pour la traduire de façon sensuelle, l'idée que la femme a été l'occasion première du péché. Il faut voir de même la preuve sensible d'une origine postérieure dans cette circonstance que l'héroïne de la légende d'Éabani est une courtisane professionnelle. C'est un personnage qu'on ne rencontre jamais chez les peuples primitifs. A Babylone, qui était une ville « très civilisée », on rangeait au contraire l'existence de ces sortes de femmes parmi les choses qui vont de soi. En outre, la légende d'Éabani n'est ni ne veut être une histoire se rapportant aux origines. Avant la création d'Éabani, beaucoup d'hommes vivent sur la terre. C'est ce qui explique qu'il n'y soit pas question de la fondation de la famille.

L'épisode d'Éabani ne contient pas trace des deux arbres de la science du bien et du mal et de la vie, ni non plus de l'épreuve dont ils sont l'instrument, ni de la transgression de la défense portée à leur sujet, ni de la perte de l'immortalité. Cette remarque nous amène à parler du mythe d'Adapa, où il semble être un peu question de tout cela. Adapa, fils d'Éa au service duquel il est attaché dans le temple d'Éridou, a reçu de son père la sagesse, **mais** non pas l'immortalité. Un jour, il brise les ailes de l'oiseau du vent du sud, qui menaçait de faire couler sa barque. Il doit comparaître au ciel devant Anou pour lui rendre compte de sa conduite. En cette occurrence, Éa lui donne le conseil suivant : Adapa revêtira des vête-ments de deuil pour tâcher de se concilier les sympathies des dieux Tammouz et Gichzida, qu'il rencontrera, lors de son arrivée au ciel, à la porte du palais d'Anou, et d'obtenir qu'ils se constituent ses avocats devant Anou. « Lorsque tu seras en présence d'Anou, lui dit Éa, on te présentera de l'aliment (ou : du pain) de mort; garde-toi d'en manger. On te présentera de l'eau de mort; garde-toi d'en boire. On te présentera un vêtement; garde-toi de t'en revêtir. On te présentera de l'huile; garde-toi de t'en oindre. » Tammouz et Gichzida interviennent effectivement en faveur d'Adapa auprès d'Anou tout d'abord irrité. Et Anou de dire : « Qu'allons-nous lui faire? Qu'on lui donne de l'aliment (du pain) de vie, et qu'il en mange. » On lui donna donc de l'aliment de vie, mais il n'en mangea point; on lui donna de l'eau de vie, mais il n'en but point; on lui donna un vêtement, mais il ne le revêtit point; on lui donna de l'huile, mais il ne voulut pas s'en oindre. Très étonné, Anou lui demanda pourquoi il ne mangeait, ni ne buvait afin de vivre éternellement. Adapa répondit en lui faisant connaître le conseil qu'il avait reçu d'Éa. Et Anou le renvoya sur la terre. Il n'avait pas obtenu l'immortalité.

La consonance analogue des deux noms Adapa et Adam ne prouve rien, attendu que la transformation d'*m* en *p* n'est pas établie pour les langues dont il s'agit. Zimmern, se plaçant à son point de vue d'après lequel l'emprunt aurait été du côté de la Bible, veut voir dans Adam une adaptation hébraïque du nom étranger Adapa par le moyen d'une étymologie populaire (1). Cette hypothèse se concevrait à la rigueur si Adapa était le premier homme et avait été formé de la terre, ce qui n'est pas le cas. La donnée fondamentale commune aux deux récits, à savoir qu'Adam comme Adapa se trouve frustré de l'immortalité entrevue, constitue entre eux un point de concordance. C'en est un autre que le fait de devoir tous les deux la perte de l'immortalité à la fourberie d'un tiers, dans la Bible à celle du serpent, dans le mythe d'Adapa à celle d'Éa. Mais nous ne possédons aucune indication qui nous permette d'identifier Éa et le serpent. Le moyen terme susceptible de servir de base à cette identification entre Éa et le serpent ne pourrait être que la mer. Dans beaucoup de mythologies lunaires, le serpent représente la mer. Mais ni l'Assyrie, ni la Babylonie ne nous fournissent rien de pareil. En revanche, nous devons signaler que, dans l'épopée de Gilgamech, lorsque Gilgamech a réussi à se procurer une plante de vie, un serpent la lui dérobe. Mais ce trait n'offre pas la moindre

______

(1) SCHRADER-WINCKLER-ZIMMERN, *op. cit.*, p. 523.

apparence d'avoir un rapport extérieur quelconque avec le mythe d'Adapa.

Dans ces conditions, il me paraît superflu de signaler en détail les différences importantes qui, en dépit de quelques ressemblances, l'emportent de beaucoup. Il existe, d'ailleurs, une raison tangible qui empêche de considérer le mythe d'Adapa, tel que nous l'avons, comme le prototype de l'histoire du paradis. Dans ce dernier récit, la perte de l'immortalité est parfaitement motivée et jusque dans le détail, elle est psychologiquement intelligible, tandis que, dans le mythe d'Adapa, la conduite d'Éa, donnant à son fils (?) Adapa un si funeste conseil, demeure complètement inintelligible (1).

Les deux arbres de la vie et de la science du bien et du mal manquent aussi dans le mythe d'Adapa. Il semble cependant aujourd'hui, d'après une découverte du P. Dhorme, O. P. (2), que ces deux arbres puissent être mis à tout le moins en relation lointaine avec ce mythe. Les deux personnalités divines, qui

(1) Contre A. LOISY, *Les mythes babyloniens et les premiers chapitres de la Genèse*, Paris, 1901, p. 76; cf. A. CONDAMIN, *Babylone et la Bible*, col. 340 s. T.

(2) *Revue Biblique*, N. S., IV (1907), pp. 271-274; cf. A. CONDAMIN, *Babylone et la Bible*, col. 339.

se tiennent à la porte du palais d'Anou et qui interviennent auprès de lui en faveur d'Adapa, apparaissent, en effet, sur une inscription du patési Goudéa, et donc dès une époque très ancienne, vers 2400 avant Jésus-Christ, comme les génies gardiens de nos deux arbres. Nin-gich-zida est le dieu de l'arbre de la vérité, et Tammouz le dieu de l'arbre de la vie. Ajoutez à cela que Nin-gich-zida est probablement le dieu du soleil levant et Tammouz celui de la végétation printanière. A la vérité, l'interprétation du dieu Nin-gich-zida comme le « dieu de l'arbre de la vérité » n'est pas tout à fait certaine (1). *Gich* peut signifier arbre, mais aussi bois, pieu, sceptre; *zida* a bien le sens de vérité, mais aussi celui de droit, d'élevé, puis de loyal et de véritable. Jastrow, par exemple, traduit le nom divin Nin-gich-zida par « Seigneur du sceptre tenu de la main droite », c'est-à-dire bienveillant. H. Schneider rend gich-zida par « bois élevé ». Ce dernier auteur en vient même à voir dans le gich-zida une sorte d'arbre de vie. Si bien

(1) Le P. Dhorme lui-même dans un ouvrage plus récent traduit Nin-gich-zi-da par « le Seigneur *légitime* de l'arbre » (*La religion assyro-babylonienne*, Paris, Gabalda, 1910, p. 106). T.

que nous aurions simplement ici en double exemplaire cet arbre de vie avec lequel la littérature assyro-babylonienne nous avait déjà familiarisés. L'arbre de la science du bien et du mal, dont il n'est question nulle part ailleurs dans cette littérature, s'évanouirait cette fois aussi. Mais quand bien même l'opinion du P. Dhorme se trouverait confirmée, il resterait toujours que ces deux arbres n'ont aucun lien avec les événements qui font l'objet du mythe d'Adapa. La vérité de cette remarque subsisterait tout entière, même s'il fallait voir dans l'intervention des deux génies tutélaires la raison première qui poussa Anou à concéder plus tard à Adapa le pain de vie et l'eau de vie. Enfin, et c'est un point très important, l'épreuve dont l'arbre de la science du bien et du mal est l'instrument dans le récit biblique fait ici complètement défaut.

Ces récits soi-disant parallèles nous apparaissent donc finalement, quand nous les examinons de près, comme de simples fragments, disparates et obscurs. Il nous est impossible de concevoir qu'ils aient pu servir de modèle pour ce récit complet, si vivant et si clair, qu'est l'histoire du paradis. Ajoutez à cela que le mythe d'Adapa, par tous ses détails, révèle un état de civilisation déjà très avancée, tandis que l'histoire du paradis, nous l'avons montré, ne saurait appartenir qu'à l'époque primitive.

En résumé :

1° Aucun des récits soi-disant parallèles pris à part ne peut être assimilé à l'histoire du paradis. Chacun d'eux correspond tout au plus à l'une des parties de cette histoire. Comparés à elle, ce ne sont que des fragments.

2° Il est impossible d'établir entre eux un rapport direct quelconque. Tout indice externe ou interne révélant leur connexité fait défaut.

3° Chacun renferme des détails obscurs et souvent inconciliables entre eux.

4° Tous les détails de ces récits indiquent un état avancé de civilisation.

Ceci suffirait à justifier notre thèse, sans même qu'il soit nécessaire de faire intervenir les considérations chronologiques que nous avons exposées plus haut, à savoir qu'il est parfaitement absurde de considérer ces récits prétendûment parallèles comme les modèles sur lesquels l'histoire biblique du paradis aurait été composée. Il est difficile de rien imaginer de plus invraisemblable que l'hypothèse d'après laquelle le vivant récit de la Sainte Écriture, si chargé de sens jusqu'en ses moindres détails et néanmoins si facile à comprendre et si clair, serait issu de ces fragments disparates et en eux-mêmes de signification si obscure.

c) Les contradictions apparentes du récit de la Genèse (*Gressmann*).

Cependant on insiste : le récit du paradis n'est ni aussi simple, ni aussi clair que vous le prétendez. Il contient assez d'obscurités, le défaut de continuité, le manque de transitions, les traces de raccordement y sont assez fréquents pour que nous apercevions clairement qu'il a été constitué par la réunion violente d'éléments hétérogènes. Ainsi s'exprime Gressmann dans l'article que nous avons déjà cité : « Mythische Reste in der Paradieserzählung » (1). Nous allons analyser ses deux principales objections, les autres ne méritant vraiment pas qu'on s'y arrête. Le motif qui nous y pousse, c'est qu'elles peuvent passer

____

(1) *Archiv für Religionswissenschaft*, Band X (1907), pp. 345-367.

pour des spécimens achevés de cette exégèse « libre-penseuse » qui n'accorde même pas à ce livre prodigieux qu'est la Sainte Écriture la mesure de respect et d'attention consciencieuse qu'on a coutume de porter dans l'étude des ouvrages profanes, si peu importants soient-ils.

Gressmann découvre une première contradiction entre la menace de Dieu annonçant que l'homme mourra, s'il mange de l'arbre de la science, et le fait que, pour en avoir mangé, l'homme ne meurt pas le moins du monde, mais devient semblable à Dieu, comme précisément le serpent l'avait promis à Ève. Et lui, le professeur (protestant) de théologie, il ose en déduire ce qui suit : « Le serpent a donc dit la vérité vraie, et c'est Jahvé qui a menti... Cet endroit est le seul, dans toute l'Écriture, et il n'en est que plus intéressant, où une contre-vérité consciente soit mise dans la bouche de Jahvé. » Mais chez les dieux babyloniens la chose est fréquente, et c'est le lieu de rappeler le mensonge d'Éa dans le mythe d'Adapa. Dans le récit du paradis, la contradiction se trouve encore accentuée par l'approbation que donne Jahvé à la parole du serpent : « L'homme est effectivement devenu comme l'un d'entre nous. »

Ici se place la seconde contradiction. Jahvé interdit maintenant à l'homme l'accès de l'arbre de vie, afin qu'il ne devienne pas immortel « et qu'ainsi, devons-nous ajouter, — c'est Gressmann qui parle — il ne devienne pas réellement dieu. Celui-là est donc semblable à Dieu, qui a mangé, non pas de l'arbre de la science, mais de l'arbre de la vie, et obtenu l'immortalité ». Puis Gressmann oriente doucement l'esprit du lecteur vers cette idée que la ressemblance avec Dieu, obtenue par l'usage du fruit, pourrait bien consister dans la connaissance (indue) de la distinction des sexes, et dans la perte de l'innocence enfantine qui s'ensuivit. Il travaille ensuite avec, comme outil, cette malheureuse idée du matriarcat, et il n'omet pas de rendre grâces à « Herr Professor Eichhorn » pour une précieuse « suggestion ». Puis c'est un mythe de Gilbert l'insulaire qui arrive par la traverse, mythe dont il ne comprend d'ailleurs pas du tout le sens. Il observe ensuite que la ressemblance avec Dieu ne peut pas consister en quelque chose de négatif et qu'à cet endroit « la pointe primitive (du récit) a été brisée ». Peut-être qu'originairement la génération était réellement défendue. Les hommes n'auraient découvert le secret que grâce à l'arbre de la science (mais non pas de la science du bien et du mal). Lorsqu'on nous parle, dans le récit actuel, de la connaissance « du bien et du mal », il se pourrait qu'on ait en vue la magie, qui procure une science secrète et impie. Il ressort de tout cela — c'est la conclusion finale de Gressmann — que l'histoire de la chute présente de telles perturbations, qu'il est chimérique de vouloir l'interpréter comme un tout cohérent et organique. Il est vraisemblable qu'elle est formée de trois couches superposées. « Il y avait l'histoire de l'arbre de la science du bien et du mal, dont le fruit, comme l'enseigne le serpent démoniaque, initiait à la magie et à la sorcellerie et conférait une science semblable à celle de Dieu, mais impie. Il y avait l'histoire de l'arbre de la science, dont le fruit aphrodisiaque abolissait l'innocence enfantine et provoquait à l'union sexuelle, de sorte que Ève devenait, contre la volonté de Dieu, la mère de tous les vivants. Il y avait enfin l'histoire de l'arbre de vie, dont le fruit conférait l'immortalité et dont l'usage était interdit à l'homme et réservé aux dieux seuls. »

Le moyen le plus efficace de faire une fois pour toutes provision de dédain pour cette manière superficielle et irréligieuse de traiter l'histoire biblique primitive, c'est de s'astreindre à démonter pièce à pièce quelqu'un de ses spécimens caractéristiques.

Et maintenant la première « contradiction ». En quoi le fait que Jahvé, après avoir menacé l'homme de mort, — et c'est fantaisie pure d'interpréter cette menace dans le sens de mort instantanée, — n'exécute sa menace qu'après avoir solennellement prononcé la sentence et après avoir fourni aux coupables l'occasion de s'expliquer et de se justifier, constitue-t-il une contradiction ? Lorsqu'une loi porte la peine de mort contre un crime quelconque, cette loi se trouve-t-elle réduite à néant, parce qu'avant l'application de la peine qu'elle prescrit, un juge intervient pour procéder à une enquête et pour prononcer la sentence dans les formes ? C'est tout juste le contraire, je pense, et une façon de confirmer l'autorité de la loi. Et voilà ce que c'est que le « mensonge » de Jahvé.

Voici maintenant en quoi consisterait la seconde « contradiction ». Jahvé reconnaît d'une part que le premier couple humain est devenu semblable à Dieu, grâce au fruit qu'il vient de manger, et d'autre part, il les veut empêcher de manger du fruit de l'arbre de vie dont l'usage les rendait semblables à Dieu. L'unique source de cette prétendue contradiction, c'est la fantaisie et l'exégèse superficielle de Gressmann lui-même. Tout d'abord, citant la parole de Jahvé : « L'homme est devenu comme l'un d'entre nous », il néglige ce qui suit : « connaissant le bien et le mal ». Puis, quand il rapporte les paroles par lesquelles Jahvé interdit à Adam l'usage du fruit de vie, il ajoute cette remarque, qu'il prétend être le complément nécessaire de la pensée : c'est *uniquement* par l'usage du fruit qu'en réalité, Adam est rendu semblable à Dieu. Mais si l'on écarte les omissions et les additions de Gressmann, tout est parfaitement concordant et clair. En mangeant du fruit de la science, Adam est devenu semblable à Dieu pour ce qui regarde la connaissance du bien et du mal. Mais ce n'est là qu'un élément de la ressemblance divine. La vie éternelle en est un autre, et Adam en doit être privé parce que la vie éternelle ne représenterait qu'une aggravation du châtiment impliqué dans cette science coupable elle-même qu'il a acquise.

Ce que Gressmann nous dit touchant la révélation de la distinction des sexes ne prouve qu'une chose et c'est sa complète ignorance de ce que signifient ces questions dans la vie des peuples. Nous nous sommes suffisamment expliqués là-dessus plus haut.

C. — *Contre l'École folkloriste et mythologique (Gunkel).*

Dans son ouvrage : *Genesis uebersetz und erklaert* (Goettingen, 1910), qui en est à sa troisième édition, Gunkel s'écarte en apparence des conceptions que nous venons d'étudier et semble s'ouvrir une voie nouvelle. Ses idées ont été répandues dans le grand public par le moyen d'écrits populaires et l'on doit prévoir que la faveur dont elles jouissent ira s'accroissant pendant quelque temps encore. Nous ne pouvons donc les passer sous silence. Son système, et il est le premier à le reconnaître, plonge par d'innombrables racines, dans toutes les théories rationalistes modernes. Il se tient sur le terrain de l'école de Wellhausen. Il s'est approprié les idées des assyriologues radicaux. Cependant Gunkel se défend de toute espèce de radicalisme. Il maintient l'extrême originalité d'Israël. Il assigne de façon générale aux « documents » incorporés dans la Bible, des dates plus hautes que celles qui leur sont attribuées par l'école de Wellhausen. Il va sur ce point jusqu'à écrire : « En cette matière, si nous voulons que notre critique reste sensée, il est nécessaire qu'elle fasse un grand pas en arrière. » Cette attitude produit déjà une impression favorable. Les idées personnelles de Gunkel sont plus séduisantes encore. Le folk-lore, tel est le point de vue auquel il se place et dont il ne s'écarte jamais. Et ce point de vue le dispose, assure-t-il, à entrer avec amour dans les idées, dans la façon de penser, dans la psychologie tout entière de l'écrivain biblique, et, dans le cas, c'est du peuple israélite lui-même qu'il s'agit, et à rendre justice à tout cela avec une complète objectivité. Ajoutez encore cette langue étonnamment variée, qui

est particulière à Gunkel, et qui tantôt revêt
« la rude simplicité olympienne » de celle de
Wellhausen, tantôt, plus souvent, se pare du
charme enjôleur de celle de Harnack — on
pourrait appeler Gunkel le Harnack de l'Ancien Testament, — et on comprendra l'influence profonde qu'il exerce.

« L'ancien » tient chez Gunkel une place
plus importante qu'il ne veut l'avouer. La
position qu'il a prise représente, pour une part
essentielle, un compromis entre l'école de
Wellhausen et la théorie assyriologique. A
la première, il concède pour la composition
du Code sacerdotal la date de 500 environ
avant Jésus-Christ. Il tient avec la seconde
que les Israélites se sont approprié, dès leur
entrée en Canaan, les légendes relatives aux
origines et qui proviennent toutes de Babylone. En outre, il admet absolument les pos-
tulats d'histoire générale des religions exploi-
tés sans réserve par ces deux écoles. A la
vérité, il accorde que, dans la Genèse actuelle,
il ne se rencontre plus de polythéisme proprement dit. Mais le polythéisme n'en représente pas moins, cette fois encore, une étape
antérieure et il s'applique à rechercher avec

soin les traces qu'a pu laisser cette phase religieuse dépassée. Par une application naturelle de ces principes, il tient pour plus ancien, dans le domaine moral, ce qui est plus grossier. C'est ainsi, assure-t-il, que dans la forme la plus ancienne des sources de l'histoire du paradis, l'élément sexuel, dans la chute par exemple, aurait été beaucoup plus grossièrement mis en relief.

Nous retrouvons donc ici chez Gunkel cette même exégèse, dépourvue de réserve et de respect, que nous avons déjà rencontrée chez Gressmann. Et cependant cette manière de traiter le récit biblique s'accentue davantage encore lorsque Gunkel s'engage dans la voie qui lui est propre, et qui pourtant le devrait conduire à apprécier les choses avec une sympathie toute spéciale. Les récits de la Genèse, y compris l'histoire du paradis, sont pour lui des légendes et des mythes, fruits savoureux de l'âme populaire, qu'il convient d'étudier avec amour. Cette étude, il est vrai, le conduit souvent à admirer ouvertement la délicatesse et la simplicité naïve que révèle le récit du paradis. Mais il arrive aussi au « civilisé » qu'est Gunkel de laisser voir un mépris hautain, et au professeur diplômé qu'il est aussi de rappeler à l'observation des règles cette poésie de cultivateurs et de grands enfants, comme il appelle les récits bibliques relatifs aux origines. Naturellement « une poésie de cultivateurs et de grands enfants » ne peut offrir sur Dieu que des conceptions très modestes. C'est ainsi qu'elle s'imaginerait, par exemple, que Dieu lui-même croyait de très bonne foi qu'on pourrait trouver parmi les animaux une compagne pour Adam. C'est ainsi encore que la création des animaux serait pour elle un essai malheureux de Dieu dans ce sens. C'est ainsi enfin que la parole de Dieu menaçant l'homme de mort, s'il mangeait du fruit défendu, contient, telle qu'elle la rapporte, une contre-vérité, et que la loi prohibant le fruit de la science trahit « la jalousie des dieux ».

Avec une exégèse pareille, il est bien évident que nous nous trouvons entraînés fort loin de l'idée d'une révélation surnaturelle. Aussi ne s'attendait-on guère à trouver sous la plume de Gunkel cette phrase qui clôt son introduction : « A l'exégète pieux, qui se trouve amené à cette conclusion (que la Genèse constitue une unité organique), on ne saurait reprocher de reconnaître, dans l'unité qui s'affirme parmi la diversité de l'histoire religieuse d'Israël, la marque de l'action de Dieu, qui parle aux enfants le langage des enfants et aux hommes faits le langage des hommes faits. » Sans doute, Gunkel a-t-il voulu se justifier vis-à-vis de son propre radicalisme par le choix de cette formule timide et toute négative : « on ne saurait reprocher ».

Venons-en maintenant à l'examen du fond. Ce sera assez faire que de montrer que Gunkel était aussi mal préparé que possible pour atteindre le but qu'il avait en vue et pour s'engager dans la voie spéciale qu'il se proposait de suivre. Ses tentatives se trouvaient, de ce chef, condamnées à un échec inévitable et sur des points importants. Nous avons vu qu'il entendait se placer sur le terrain de l'histoire littéraire et du folklore. Les récits de la Genèse sont à ses yeux des mythes et des légendes créés par l'âme populaire. Mais lorsqu'il entreprend d'expliquer « ces produits de l'âme populaire », il aborde cette tâche délicate sans autre préparation, ou peu s'en faut, que l'étude du folklore européen. Il a beau y joindre quelques maigres données historiques et climatologiques sur l'Orient, tout cela ne saurait suffire à le mettre en état de comprendre pleinement l'âme d'un peuple oriental. Et pourtant, d'après son programme même, c'est de cela qu'il s'agit. Les panbabylonistes et d'autres encore lui reprocheront sévèrement, alors qu'il affirme l'origine babylonienne de toutes les légendes primitives, de paraître ignorer complètement le caractère astral de la mythologie babylonienne.

Mais ce qui est beaucoup plus grave, c'est que Gunkel ne se demande jamais si « les légendes primitives » ne proviendraient pas d'une époque plus ancienne encore que les périodes culturelles que représente Babylone, et s'il n'aurait pas bien fait de se munir des connaissances spéciales qui lui auraient rendu possible, avec le secours de la préhistoire et de l'ethnologie, de projeter quelque lumière sur ces lointaines époques. De fait, l'absence de ces connaissances a eu pour Gunkel des conséquences désastreuses et parfois bien près d'être comiques.

C'est ainsi que Gunkel paraît avoir appris tout récemment que, « dans beaucoup de récits païens, la mort n'existait pas à l'origine et n'est tombée sur l'homme qu'à la suite de la transgression d'une défense, d'une inattention ou d'un malentendu ». Du moins donne-t-il, pour justifier l'affirmation précitée, cette référence assez peu scientifique et en tout cas fort inattendue : « (H. F. Feilberg, dans une lettre privée) » (*Op. cit.*, p. 22-23). Malgré la circonspection un peu inquiète dont elle se nuance, cette remarque, que nous lisons à la page 6, ne laisse pas de faire sourire : « L'idée que les animaux et l'homme ont été formés de terre donnerait à penser que le narrateur appartenait à une civilisation qui connaissait les figures humaines et animales d'argile, du genre de celles qui ont été trouvées en grand nombre dans les fouilles palestiniennes. » Gunkel ignorerait-il donc que cette idée du corps humain formé de terre se rencontre sur les points les plus divers du globe. Pour citer le cas d'un peuple très éloigné, on l'a trouvée chez les Wurunyerri du sud-est de l'Australie. Or, dans le sol sur lequel ils vivent, Gunkel peut être sûr qu'on ne trouvera nulle figure humaine ou animale d'argile. Pour ces mêmes motifs, c'est une erreur de prétendre, comme le fait Gunkel à la page 6, que l'étymologie Adam = homme de la terre (Erdmann) (et non pas = laboureur (Ackersmann), puisque *Adamah* signifie simplement « terre »), n'a pu naître qu'au sein d'un peuple de cultivateurs. C'est relativement peu de chose, après cela, de l'entendre dire que les « généalogies », de par leur nature même, ne se conçoivent que comme des constructions savantes et pas du tout comme des légendes populaires anciennes (p. 2), qu' « à cette phase très reculée l'on ne perçoit pas encore la différence entre l'homme et l'animal » (p. 15), que les cheroubims « sont un dernier souvenir du culte des animaux qui florissait à l'âge primitif » (p. 24) : toutes affirmations remarquablement insoutenables au point de vue ethnologique. La connaissance de l'ethnologie l'aurait pareillement préservé d'attribuer au récit du paradis « une origine extra-israélite ». Car comment l'existence de récits « parallèles » grecs, romains, perses, babyloniens, peut-elle constituer une preuve de cette origine étrangère? Pourquoi refuser précisément à Israël ce que possèdent, non seulement les peuples précités, mais beaucoup d'autres, un très grand nombre d'autres peuples dispersés sur la surface entière du globe? En ce qui concerne spécialement l'origine babylonienne de l'histoire du paradis, il est intéressant de voir Gunkel lui-même contraint d'écarter l'une après l'autre comme insuffisantes les preuves qu'on en donne.

Cependant il en revient toujours à ceci : « Quoi qu'il en soit, le mythe biblique, dans la forme où nous le possédons, provient d'un peuple de cultivateurs; le mythe identifie l'homme au laboureur ». C'est la base sur laquelle Gunkel édifie toute son interprétation du récit du paradis. La connaissance exacte de l'ethnologie l'eût préservé du malheur d'adopter une base aussi ruineuse. Disons cependant à sa décharge qu'il se trouve, à ce point de vue, en fort nombreuse compagnie, en compagnie des exégètes conservateurs eux-mêmes. Ces derniers, au moins, n'ont pas la prétention de faire de l'exégèse fondée sur l'histoire de la littérature et sur le folklore.

C'est dans les versets 5-7 du chapitre

deuxième de la Genèse que Gunkel cherche le principal point d'appui de sa théorie. Lorsqu'on dit dans ces versets : « Il n'y avait encore sur la terre aucun arbrisseau des champs, et aucune herbe des champs n'avait encore germé ; car Dieu n'avait pas encore fait pleuvoir sur la terre et il n'y avait pas d'homme pour cultiver la terre », nous avons là la conception naïve que des cultivateurs peuvent se faire de la croissance des plantes, qui serait due à la pluie de Dieu et aux labours de l'homme. Et après avoir signalé l'absence de ces deux facteurs, on ajoute : « 6. Une source jaillissait de la terre et arrosait toute la surface de la terre. 7. Et Dieu forma l'homme. »

Cette interprétation de Gunkel est fausse sur deux points. Il est exact de dire que le verset 5 attribue la croissance des plantes à la pluie du ciel et au travail de l'homme. Mais il est faux que cette donnée appartienne à la forme primitive du récit du paradis. C'est une réflexion, toute naturelle d'ailleurs, du rédacteur inspiré qui, même sous cette forme négative, veut faire comprendre à ses contemporains ce qu'était le paradis. Il précise donc que les conditions existant au temps où il écrit, et par conséquent à une époque postérieure, à savoir la pluie du ciel et le travail de l'homme, ne se rencontraient pas à l'époque du paradis. Les versets 6 et 7 ne racontent pas du tout l'introduction des deux facteurs, la pluie du ciel et le travail de l'homme, qui faisaient défaut à l'origine. Ces versets représentent le commencement véritable de l'histoire du paradis, sans liaison primitive avec le verset précédent, lequel est une addition tardive du rédacteur et donc étrangère à la forme initiale du récit. Et la situation qu'on y décrit serait plutôt opposée à celle que déterminent les facteurs énumérés au verset 5. Au lieu de la pluie tombant du ciel, nous y voyons en effet un fleuve jaillissant du sol; au lieu d'hommes cultivant la terre, un homme qui tient en ordre un jardin. La pensée réelle du rédacteur est donc que les conditions dans le paradis étaient tout autres que celles d'à présent.

Au lieu de la pluie tombant du ciel, il y avait un *fleuve* qui jaillissait de la terre. Tel est bien, semble-t-il, le sens du mot si discuté : *ed,* qui, dans la traduction citée plus haut, a été rendu, comme il l'est d'ordinaire, par

« source ». Il le faut identifier à l'assyrien :
idu, et le fleuve du paradis qui se divise en
quatre bras, dont il est question au verset 10,
doit être, dans la pensée du narrateur, et très
justement d'ailleurs, la continuation de cet *ed*.
Au lieu d'hommes travaillant la terre, un
homme dont le rôle unique était de tenir en
ordre un jardin. Car c'est bien ainsi qu'il faut
l'entendre. Le verset 15, où Dieu place l'homme
dans le paradis, « ut operaretur et custo-
diret illum » (*lᵉ'obdah ulᵉchomrah*) ne peut
s'interpréter que dans ce sens : « pour le tenir
en ordre et pour y exercer un contrôle ». Re-
marquons d'abord que la signification de ces
deux mots pris en eux-mêmes ne fait nullement obstacle à cette traduction. '*Abad* ne
signifie pas seulement « travailler », mais aussi
« prendre soin, tenir en ordre » (colere).
Quant au contrôle ou à la surveillance dont
parle le verbe *châmar,* il est clair qu'ils doivent s'exercer à l'intérieur même du jardin,
puisqu'il n'est fait aucune mention d'ennemis
extérieurs.

Aussi bien cette interprétation est-elle la
seule qui s'accorde avec le verset précédent.
Il est dit, en effet, au verset 9, que Dieu lui-

même et lui seul, fit pousser des arbres dont le fruit était bon à manger. Dans ces conditions, que restait-il à faire au travail de l'homme? Si le travail de l'homme avait réellement concouru à la production des fruits, la permission expresse que Dieu donne à l'homme d'en manger, ne se comprendrait guère, et la défense de manger de l'arbre de la science deviendrait peu équitable. Voici donc comment nous devons nous représenter la situation. Tout pousse de soi-même et par les soins de Dieu seul. L'homme a pour unique rôle de tout tenir en ordre et d'exercer sur tout un contrôle, afin que tout demeure dans l'harmonie et dans un juste équilibre. De cette manière, l'homme prend possession de cette domination que nous voyons Dieu lui accorder dans le récit de la création, au premier chapitre de la Genèse.

Ainsi compris, le récit du paradis reflète une tout autre époque, beaucoup plus reculée, la phase économique la plus ancienne que le genre humain ait connue, celle de la simple cueillette, dont nous avons parlé plus haut.

L'homme, à cette phase, n'arrache pas par

son travail ses produits à la nature, mais il se borne à recueillir ce qu'elle lui offre d'elle-même et par les soins de Dieu seul. Le fait que cette situation économique se reflète dans le récit du paradis doit être naturellement et légitimement considéré comme une preuve très forte de sa haute antiquité.

De nouveau, Gunkel nous offre ici une interprétation de son cru. A l'entendre, le récit biblique traduirait « le naïf idéal d'un cultivateur antique qui se représente les premiers hommes comme des jardiniers; chaque année, les arbres rapportent, presque sans aucun travail de la part de l'homme, tandis que les champs exigent chaque année de pénibles labours; l'idéal pour le cultivateur, c'est donc d'être jardinier et de mener une vie exempte de fatigues. Oh! être jardinier dans le paradis! » Le paradis, pour Gunkel, n'est donc pas autre chose que le rêve brillant d'un cultivateur antique. Cette fois encore, Gunkel laisse voir qu'en fait de folklore, il ne connaît que celui de l'Europe. Son « cultivateur antique » est tout bonnement un paysan poméranien ou saxon quelconque. Mais à l'époque où des preuves externes nous autorisent à placer le récit du paradis, rien ne nous révèle l'existence de jardins et de jardiniers tels que Gunkel se les représente; et cependant, à moins d'avoir sous les yeux un modèle approprié, le cultivateur antique était bien incapable de se former un pareil idéal. L'interprétation de Gunkel apparaît donc vaine, et celle que nous avons nous-même proposée subsiste toute entière.

Il faut reconnaître que l'explication donnée par Gunkel de la malédiction que Dieu prononce contre Adam s'accorde bien avec l'idée d'ensemble qu'il se fait de l'histoire du paradis. Cette malédiction représenterait la projection dans le passé du vif et douloureux sentiment de tout ce que la culture exige de travail et de peine. Mais c'est là une construction fantaisiste, étrangère à toutes les données ethnologiques. L'ethnologie constate, elle aussi, qu'à dater d'une époque d'ailleurs impossible à préciser, la condition paradisiaque que constituait le régime de simple cueillette a pris fin, sinon pour l'humanité toute entière, du moins pour la plus grande partie de l'humanité. La terre cessa de produire spontanément avec assez d'abondance, pour que l'homme pût continuer à vivre de ce qu'elle lui offrait d'elle-même. Par un pénible travail, il dut lui arracher désormais ce dont il avait besoin et qu'elle ne lui donnait plus de bon cœur. Il y a des ethnologues qui regardent comme possible que cette radicale transformation ait été le résultat de la soudaine apparition d'une période glaciaire. Je ne vois pas, pour ma part, ce qu'on pourrait objecter à l'idée que Dieu aurait disposé le cours naturel des choses de manière à en faire l'exécuteur du châtiment qu'il avait lui-même prononcé contre les premiers hommes. Dans cette hypothèse, la conception de la vie du laboureur, qui s'exprime dans cette malédiction, et en laquelle Gunkel perçoit « le ton du pessimisme antique », s'expliquerait bien mieux encore et se justifierait pleinement. Ce serait l'âge tout à fait primitif qui, se rappelant tristement la liberté et l'abondance dont l'homme jouissait dans le paradis, ressentirait, avec une douloureuse et bien compréhensible amertume, toute la contrainte et toute la fatigue du travail.

Naturellement, l'insuffisante préparation ethnologique de Gunkel se manifeste aussi dans le domaine spécifiquement religieux, par exemple lorsqu'il nous donne la conception de Dieu, telle qu'elle s'exprime dans l'histoire primitive, comme tout à fait maladroite et indigente. Mais ce que Gunkel nous dit en cette matière ne diffère pas essentiellement, en somme, de ce à quoi les autres exégètes avancés nous ont accoutumés. Et donc la réponse que nous avons faite, à plusieurs reprises, aux assertions de ces derniers, vaut aussi pour lui et suffit largement. Pour ce qui regarde ses vues personnelles, nous avons constaté qu'elles ne réussissaient ni à détruire, ni même à affaiblir notre interprétation de la révélation primitive, c'est-à-dire, dans le cas, de l'histoire du paradis. Au contraire, la discussion de ses théories nous a procuré l'occasion de mettre davantage en lumière, surtout du point de vue économique et ethnologique, la haute antiquité du récit du paradis. Si nous nous rappelons, d'autre part, que l'examen des objections formulées par les assyriologues radicaux nous a fourni une preuve positive de cette haute antiquité, nous aurons l'impression d'avoir obtenu, au cours de cette discussion, assez de résultats positifs pour n'avoir pas à regretter de nous y être engagés.

D. — *L'importance des peuples hamitiques pour l'histoire des religions.*

Nous ne voulons pas terminer ce chapitre, sans signaler une voie dans laquelle, en s'inspirant des méthodes rigoureuses de l'ethnologie historique moderne, on obtiendrait très certainement et en grand nombre, d'importants résultats analogues à ceux que nous venons d'exposer. Les théories adverses, dont nous nous sommes occupés au cours de ce chapitre, affirment toutes, de façon plus ou moins catégorique, la provenance babylonienne de ce qu'Israël peut posséder en fait de monothéisme universaliste et surtout en fait de récits relatifs aux origines. Nous avons établi qu'au contraire, les Israélites présentaient une forme simple et primitive de la religion et de l'histoire des origines, tandis que les « parallèles » babyloniens trahissent un développement très caractérisé dans le sens de la complication et de la dégradation.

Mais d'où vient chez les Babyloniens et les Assyriens, qui cependant eux aussi sont des Sémites, ce polythéisme luxuriant? Telle est l'importante question qui se pose maintenant, et que seule peut résoudre une science des religions qui consente à se placer résolument sur le terrain de l'ethnologie historique.

Parmi beaucoup d'autres causes, que nous pouvons laisser de côté ici, il en est une, en particulier, qui a puissamment contribué à former ce polythéisme touffu. Nous voulons parler de ce fait que les Assyro-Babyloniens, de même qu'ils ont emprunté aux Sumériens leur civilisation matérielle, ont subi profondément leur influence dans le domaine aussi de la religion et de l'histoire primitive. Or, les Sumériens, leur langue et leurs caractères physiques en sont la preuve, représentent une race tout à fait différente des Sémites.

Il est hors de doute que la religion et la mythologie des Sémites Assyro-Babyloniens étaient, originairement et en elles-mêmes, très différentes de celles des Sumériens. La religion, telle que nous la trouvons chez les Assyro-Babyloniens, n'est plus purement sémitique, même sous sa forme la plus ancienne. Elle renferme, en une plus ou moins grande mesure, des éléments sumériens. Or, nous savons que la religion sumérienne était fortement polythéiste et la mythologie sumérienne extrèmement développée. Il en résulte que la valeur et la portée de la religion assyro-babylonienne, lorsqu'il s'agit de caractériser la condition religieuse du peuple israélite et surtout de la période préisraélite, ont été beaucoup exagérées. Ce ne sont pas les Assyro-Babyloniens qui nous offrent le prototype d'après lequel nous devons interpréter et apprécier les récits bibliques. C'est au contraire la Bible qui nous a conservé le type primitif dans sa pureté et sa simplicité. La religion assyro-babylonienne n'est qu'une copie et une copie dont la netteté et la fidélité même ont été détériorées et gâtées, de mainte façon, par l'introduction de nombreux éléments sumériens et donc étrangers à la tradition sémitique. Cette manière de voir que les exégètes croyants, au cours de la discussion sur Babylone et la Bible, n'ont soutenue qu'isolément et avec une certaine timidité, est cependant la seule exacte. Il suffit, pour s'en persuader, d'examiner la question à la lumière des méthodes plus rigoureuses élaborées par l'ethnologie historique moderne.

De fait, l'importance capitale de l'histoire primitive, telle que nous la trouvons dans la

Bible, consiste en ce que les Israélites seuls, entre toutes les tribus sémitiques, ont rassemblé, puis rédigé par écrit et conservé les traditions se rapportant aux origines de l'humanité, que tous les peuples sémitiques ont dû posséder jadis, au temps où ils ne formaient encore qu'un groupe unique. En outre, nous pouvons conclure de l'état inférieur de civilisation où nous voyons, jusqu'en pleine époque historique, mainte tribu sémitique et en particulier les tribus du désert arabique, que les Sémites, à cette époque ancienne où ils n'étaient pas encore divisés en groupes ethniques distincts, ne possédaient aucune civilisation extérieure, formaient un peuple non-civilisé. Et c'est ce que confirme très nettement le fait que les traditions relatives aux origines de l'humanité, que la Bible seule nous a conservées dans leur forme ancienne, présentent tous ces caractères de véritable et très haute antiquité que nous découvrons chez les peuples non-civilisés actuels, chez ceux du moins qui en sont encore aux toutes premières phases de l'évolution.

Cependant les Sémites primitifs ont un grand avantage sur les autres peuples non-civilisés. En ce qui concerne les non-civilisés actuels, nous sommes présentement en état de rassembler ce qu'ils possèdent en fait de récits se rapportant aux origines. Mais ces récits se présentent à nous sous une forme que cinq ou six millénaires de tradition purement orale de plus et une évolution interne, qui est allée s'accentuant toujours davantage, ont modifiée, par l'aggravation des anthropomorphismes et par l'introduction de méprises plus ou moins profondes. Ces traditions, au contraire, telles que la Bible nous les offre, ont été rassemblées, peut-être révisées, et mises par écrit à une époque étonnamment reculée. Le précieux trésor fut déposé dans cette rédaction écrite, comme dans un coffret protecteur, cependant que, de toutes parts, la marée du paganisme montait toujours et que les flots déchaînés de la mythologie couvraient et étouffaient de leur fracas, de plus en plus assourdissant, la douce et simple voix du passé. Le trésor demeura caché à l'abri du sanctuaire israélite, jusqu'à la venue de Celui qui, d'une parole souveraine, arrêta net la marée montante. Par ses soins, le trésor fut tiré de sa cachette et ses envoyés le révélèrent de nouveau aux peuples attentifs de la terre entière. Et ces peuples, qui pourtant venaient de traverser des millénaires de mythologie déformatrice et grotesque, en entendant parler les envoyés du Christ, reconnurent la voix toujours chère et toujours familière du lointain passé, voix qui semblait venir de leur enfance depuis si longtemps abolie. Ces récits si simples, si unis, si accessibles aux plus petits et aux plus humbles, étaient, d'autre part, si chargés de pensée, qu'ils retenaient, comme dans un cercle magique, l'intelligence et le cœur des hommes faits et des plus hauts esprits.

Mais si l'on veut comprendre les caractères propres du récit biblique, pour autant du moins qu'ils sont le fruit et qu'ils portent l'empreinte du milieu naturel et humain où ils se sont constitués, si l'on veut déterminer la marche historique qu'a suivie leur formation, il convient d'orienter la recherche dans une autre voie que celle où elle s'est engagée jusqu'ici.

Et d'abord, pour fournir la preuve que les récits bibliques relatifs à l'âge primitif représentent vraiment la commune tradition de l'époque où les Sémites ne s'étaient pas encore divisés, il en faut rapprocher les récits des autres peuples sémitiques qui ont trait aux origines. Mais en l'occurrence, ce ne sont pas les Sémites civilisés qui ont le plus d'importance. Car, sans parler du mélange de civilisations étrangères qu'ils offrent inévitablement, le simple progrès culturel entraîne presque toujours avec soi, en même temps qu'un développement extérieur plus riche, la dégradation interne des traditions religieuses. Beaucoup plus intéressants seraient, à coup sûr, les récits de peuples sémitiques demeurés, si possible, sans contact avec quelque civilisation que ce soit et à l'état de non-civilisés. La science moderne des religions attache infiniment plus d'importance à l'ethnologie des peuples non-civilisés qu'à la philologie des peuples civilisés. C'est ainsi qu'il conviendrait de faire en ce qui regarde l'étude de la tradition religieuse des Sémites primitifs.

Il n'existe malheureusement plus nulle part de peuple sémitique de qui nous puissions attendre ce secours. Cependant, l'étude du folklore des peuples sémitiques, et particulièrement de ceux d'entre eux qui se trouvent encore à un degré peu élevé de civilisation, peut suppléer dans une certaine mesure à l'absence de ce moyen d'information que constituerait un peuple sémitique demeuré nettement étranger à toute civilisation. A ce point de vue, des travaux dans le genre de ceux de Curtiss sur la Syrie, de Musil sur les Bédouins du nord de l'Arabie, du P. Jaussen sur ceux du pays de Moab, offriraient un très grand intérêt.

On peut espérer des études sud-arabiques qu'elles rendent des services analogues, c'est-à-dire qu'elles contribuent elles aussi à combler la lacune que nous signalions plus haut (1). Encore à leurs débuts, elles ont reçu, en particulier, des voyages de Ed. Glaser et des travaux de Fr. Hommel une encourageante impulsion. Les recherches sud-arabiques, à la vérité, portent tout d'abord sur des peuples déjà civilisés. Mais par delà ces peuples, elles semblent pouvoir atteindre encore une époque plus ancienne et où l'action

(1) Ditlef Nielsen soutenait récemment la même thèse dans une série d'études : *Die sudarabische Göttertrias* dans les *Mélanges Hartwig Derenbourg*, Paris, 1909; *Der sabäische Gott Ilmukah*, Leipsig, 1910; *Der semitische Venuskult* dans le *Zeitschrift f. Deutschen morgendl. Gesellschaft*, LXVI (1912); *Die äthiopischen Götter*, *ibid.; Gemeinsemitische Götter* dans l'*Orientalistische Literaturzeitung*, XVI (1913). T.

17.

de la civilisation ne se faisait pas encore sentir. Certains noms théophores se rapportant à cette période relativement primitive, paraissent refléter une conception de Dieu très élevée et presque monothéiste. On trouve, par exemple, des noms comme ceux-ci : *Jahwi-ilu,* Dieu existe, *Waddada-ilu,* Dieu aime ; *Ṣadaka-ilu,* Dieu est juste ; *Ili-padaya,* mon Dieu a délivré ; *Ilu-abi,* Dieu est mon père ; *Ṣaʿada-wadd,* l'amour rend heureux ; *Abi jathuʿa,* mon père a secouru, etc.

Mais il est une autre source de renseignements que personne jusqu'ici n'a eu l'idée d'exploiter. Les recherches de L. Reinisch ont établi avec une certitude scientifique que les peuples hamitiques, qui sont les premiers habitants de l'Afrique du nord et du nord-est, parlent une langue étroitement apparentée à celle des Sémites. L'étude de leurs caractères physiques et de leurs particularités culturelles suggère pareillement l'idée d'une parenté ethnique et de race avec les peuples sémitiques. Il en résulte naturellement, entre les traditions religieuses de ces deux groupes, une connexion qui nous reporterait au delà même de la période sémitique primitive et jusqu'à l'époque lointaine où Sémites et Hamites formaient encore un seul peuple. Or, parmi ces peuples hamitiques, beaucoup en sont encore à la phase non-civilisée. Dans ces conditions, une tâche s'impose qui consisterait, après avoir acquis une connaissance approfondie de la langue et de la culture de ces tribus, à recueillir leurs traditions religieuses et à les mettre par écrit, pour les comparer ensuite entre elles et avec les données que nous fournissent les sources sémitiques.

De l'Afrique du nord-est, les tribus hamitiques se sont répandues dans la direction du sud jusqu'assez avant dans l'Afrique orientale, où elles se sont habituellement mêlées à des populations nègres, au milieu desquelles elles représentent l'aristocratie et les familles royales. Par suite de ces mélanges, leurs traditions religieuses elles aussi ont perdu, dans ces régions, quelque chose de leur pureté; elles renferment des éléments empruntés aux religions et aux mythologies des peuples nègres. Cependant elles n'en continuent pas moins d'offrir de très remarquables points de ressemblance avec les récits bibliques relatifs aux origines. A ces tribus hamitiques, mélangées d'éléments nègres, appartiennent les Wakuafi, les Watutsi, les Kikuyu, etc. A elles se rattachent aussi ces Masaï, sur la religion et les traditions desquels le capitaine Merker a publié des renseignements sensationnels qu'il conviendrait d'utiliser au point de vue qui nous occupe, après avoir, au préalable, contrôlé leur exactitude (1).

Plus au nord, habite un peuple hamitique non-civilisé, la puissante tribu guerrière des Gallas, qui s'est gardée relativement indemne de ces mélanges. Et de fait, nous trouvons dans cette tribu le cas surprenant d'un monothéisme proprement dit, parfaitement conscient et se traduisant par un culte pratique explicite, qui, au point de vue dont nous parlons, mérite toute l'attention du savant.

Ainsi donc beaucoup de matériaux se trouvent déjà réunis. D'autres encore pourraient et devraient l'être. Ce qui manque, ce sont les ouvriers. On n'a pas encore reconnu l'importance de l'œuvre à accomplir dans ce domaine. Puisse cette situation ne pas se prolonger.

(1) M. MERKER, *Die Masai, Ethnographische Monographie eines Ostafrikanischen Semitenvolkes*, Berlin, Reimer, 1904: 2ᵉ éd. 1910. T.

L'Assyriologie, qui, en ce moment, occupe le premier plan et exerce une influence excessive lorsqu'il s'agit d'apprécier la religion primitive d'Israël, se trouverait remise à sa vraie place, ce qui d'ailleurs lui permettrait d'accomplir effectivement la tâche qui lui revient.

CHAPITRE QUATRIÈME

CE QUE DEVINT LA RÉVÉLATION PRIMITIVE APRÈS LA CHUTE.

I

ADAM ET ÈVE, COMME ANCÊTRES DU GENRE HUMAIN.

Dans le récit de la sainte Écriture, l'épisode d'Adam et d'Ève n'est pas une simple idylle, tout d'abord délicieuse et finalement très sombre, une aventure qui se serait déroulée quelque part dans un monde fermé et lointain, et qui serait demeurée sans intérêt pour le reste du genre humain comme sans action sur lui. Il est manifeste qu'on entend le placer sur le terrain solide de la grande histoire humaine. Il forme le premier acte du drame humain, acte gros de conséquences, et auquel se relient étroitement tous les développements ultérieurs. C'est, par exemple, une perspective qui s'ouvre sur toute la suite de l'histoire humaine, lorsque Adam, dans la joie de son désir comblé, aperçoit celle qui doit être la compagne de son existence et que les échos du paradis redisent la parole prophétique : « C'est pourquoi l'homme quittera son père et sa mère et s'attachera à sa femme; et ils seront deux en une seule chair ». De même, lorsque Dieu prononce contre eux la sentence qui les châtie, Adam et Ève ne sont pas des particuliers, mais des personnages représentatifs. Adam, c'est l'homme, et Ève, c'est la femme, tels que dorénavant les connaîtra l'histoire du genre humain. La malédiction portée contre le serpent parle explicitement de la postérité de la femme et de l'hostilité éternelle qu'elle nourrira contre le serpent.

Donc, indépendamment même des liens généalogiques que les chapitres suivants de la Genèse exposent en détail, et dans l'histoire même du paradis, Adam et Ève nous sont clairement présentés comme les ancêtres du genre humain tout entier. Et le récit du paradis met précisément en lumière, non pas seulement l'aspect corporel, mais encore le côté spirituel de ce rôle d'ancêtres qu'il attribue à Adam et à Ève. De même que l'union mutuelle d'Adam et d'Ève est présentée, avec une grande profondeur de pensée, comme l'origine et le prototype de tous les groupements sociaux unissant des contemporains ; de même on se préoccupe de poser en quelque manière le fondement des rapports sociaux reliant les unes aux autres les générations qui se succèdent. C'est ce que fait le récit du paradis, lorsqu'il nous représente l'état, les qualités, les profits et les pertes, que le capital mis à la disposition du premier couple humain et ses actes personnels ont abouti à produire, comme se transmettant, par voie d'héritage, à l'humanité toute entière. Non pas toutefois en ce sens que la personnalité des hommes postérieurs se trouve déterminée et régie, dans sa totalité et sous tous les aspects, par cet héritage spirituel. Nous voyons se manifester, parmi les premiers descendants eux-mêmes d'Adam et d'Ève, cette libre disposition de soi-même qui caractérise la personnalité humaine. Frères, cependant, et nés l'un et l'autre du même père et de la même mère, Caïn et Abel n'en prennent pas moins, vis-à-vis du bien

et du mal, une position diamétralement opposée. Mais ni cette faculté de disposer librement de soi-même, ni cette diversité de dons
et d'aptitudes avec lesquels chaque âme humaine, individuellement créée par Dieu,
aborde la vie, ne peut dénouer ni même
relâcher les liens rattachant tout homme à la
génération qui le précède. Pour les hommes
d'aujourd'hui, cette solidarité, qui les unit
à leurs ascendants, s'étend en réalité à tout
un peuple et de ce chef se fractionne à l'infini.
Tout à l'origine, au contraire, elle se limi-
tait au seul couple de nos premiers parents et
s'y concentrait, si bien que la signification de
ces deux personnes pour l'évolution spirituelle
du genre humain tout entier est immense.

Il est clair que ce que nos premiers parents eux-mêmes ne possédaient plus, ce
qu'ils avaient irrémédiablement perdu, ils ne
le pouvaient plus transmettre en héritage à
leur postérité. La bienheureuse innocence du
paradis, cette condition surnaturelle d'enfants de Dieu qui se manifestait par un commerce confiant avec la divinité, la liberté
paisible et pleine de délices d'une vie affran-
chie de la contrainte du travail et de la fati-

gue, l'espérance de l'immortalité dont le corps lui-même devait bénéficier, tout cela était perdu sans remède. Tous ces biens avaient été extérieurement retirés et rendus inaccessibles désormais. Le chérubin au glaive flamboyant veillait à la porte du paradis. La postérité d'Adam associée au sort de ses parents, ne pouvait plus en recouvrer la jouissance. Le bienheureux trésor avait été intérieurement retiré, et tout l'être de nos premiers parents s'en trouvait obscurci et diminué. Ces rayons lumineux de la vérité et du bien, qui, sans la chute, auraient jailli de leurs paroles, de leur être tout entier et de tous leurs actes, et se seraient répandus, avec une admirable plénitude, sur leur postérité, se trouvaient désormais très affaiblis et leur éclat singulièrement amoindri.

Ces rayons, cependant, ne pouvaient être complètement éteints. La totale disparition de l'esprit de nos premiers parents des révélations qu'ils avaient reçues, des enseignements dont ils avaient bénéficié, non seulement par les paroles entendues, mais par les événements auxquels ils avaient été intimement mêlés, serait un phénomène contre nature.

L'héritage qu'ils étaient à même de transmettre à leurs enfants ne laissait pas d'être encore extrêmement précieux. Et que telle fût bien, par ailleurs, leur volonté, qu'ils aient continué, après la chute, d'entretenir eux-mêmes à l'égard de Dieu des sentiments de foi et de soumission pieuses, c'est ce qu'Ève nous révèle lorsqu'elle eut son premier fils et que, le regardant comme un don de Dieu, elle s'écria : « *Concepi hominem per Deum*, j'ai conçu un homme avec le secours de Dieu. » C'est ce que prouve aussi la conduite pieuse tout d'abord de leurs deux enfants, que nous voyons offrir tous les deux un sacrifice à Dieu. On ne voit pas bien qui aurait pu, en dehors de leurs parents, leur suggérer cette idée et leur inspirer le désir de la réaliser. Ici encore, Adam et Ève se révèlent donc à nous comme les premiers éducateurs et comme les maîtres spirituels du genre humain, dont la procréation était leur œuvre.

Dans tous ces endroits de la Sainte Écriture se trouve donc enseignée, sous une forme très claire, l'unité d'origine du genre humain tout entier, et non pas seulement au point de vue corporel, mais encore au point de vue spirituel. Elle ramène donc, par conséquent, le cours entier de l'évolution religieuse et morale de tout le genre humain à une unité organique et elle nous le montre prenant sa source dans le temps même qui vit s'accomplir au paradis la révélation primitive. Or, cette unité de point de départ pour le genre humain tout entier, la science profane, bien loin de se trouver conduite à la mettre en doute, la confirme plutôt, de façon positive, sur tous les points essentiels.

II

L'UNITÉ DU GENRE HUMAIN.

Lorsque, à la fin du XVIIIe siècle et au commencement du XIXe, de nombreuses découvertes en Océanie, en Afrique et en Amérique firent entrer soudain dans le champ de vision de l'Europe, alors tout infatuée de ses « lumières », une foule de peuples nouveaux et singulièrement différents d'elle-même, la tendance à attribuer aux races diverses une origine autonome se manifesta souvent. Dans les grands ouvrages d'ethnologie publiés à cette époque, par exemple dans l'ouvrage en cinq volumes de Prichard : *Researches into physical history of mankind,* les développements relatifs à cette question tiennent une large place. Mais lorsque, dans la seconde moitié du XIXe siècle, apparut la théorie darwinienne de l'évolution, — le service qu'elle a rendu sur ce point, doit être reconnu, — la situation changea complètement. Pour qu'on puisse se représenter l'homme comme provenant d'êtres vivants antérieurs, le concours de si nombreux facteurs est requis, qu'il semble impossible d'admettre que « ce prodige de la première apparition de l'homme » ait pu se produire plus d'une fois sur la surface de la terre. L'humanité doit donc avoir plutôt une origine unique. Depuis lors la doctrine de l'origine unique est devenue commune, ou peu s'en faut, parmi les naturalistes et les anthropologues. Lorsque, par exemple, Schwalbe prétendit faire de la race ancienne de Néanderthal une espèce à part, Klaatsch, Giuffrida-Ruggieri, etc., le combattirent. Et lorsque, tout récemment, Klaatsch lui-même se laissa aller à proposer une théorie polygénétique nouvelle et plutôt singulière, sa conduite devint un sujet de plaisanterie.

A. — *L'unité d'origine corporelle.*

Les choses étant telles, il suffira largement d'énumérer, sans nous y attarder, les raisons sur lesquelles s'appuye l'anthropologie pour admettre l'idée d'une origine corporelle unique de l'humanité. Darwin lui-même peut ici nous servir de guide. Comme indices caractéristiques de l'unité d'espèce, il signale : 1. La prédominance des caractères semblables, surtout lorsqu'il s'agit des caractères essentiels. 2. La fécondité indéfinie des unions; 3. la liaison établie entre les variétés diverses par la présence de formes intermédiaires s'échelonnant sans discontinuité. Or, en ce qui concerne l'homme tous ces indices se trouvent réunis de façon convaincante.

La fécondité illimitée des rejetons provenant de l'union de races très éloignées l'une de l'autre était jadis souvent contestée. C'est à présent un fait établi et que nul anthropologue ne met plus en question.

En dépit de toutes les diversités de races, la ressemblance existe en ce qui regarde les caractères proprement constitutifs. Toutes les races présentent l'attitude et la démarche parfaitement droites, deux mains et deux pieds, la même constitution essentielle du cerveau, pour ne rien dire de la structure du squelette, des organes internes, du nombre des pulsations et respirations, de la température du corps, de la durée de la grossesse, etc. Très remarquables aussi sont les ressemblances qui portent sur des particularités aussi accidentelles que le retroussis du bord des lèvres, la distribution du système pileux sur le corps, la forme spéciale de la poitrine chez la femme.

Vis-à-vis de ces ressemblances, ce qu'on appelle les caractères propres aux différentes races n'affectent guère que la superficie et leur portée demeure accessoire. Ajoutez à cela que l'origine postérieure de toute une série d'entre eux peut être établie avec une certitude plus ou moins complète. C'est ainsi que la couleur de la peau dépend dans une large mesure de l'action des rayons solaires. En ce qui concerne les cheveux, il y a lieu de remarquer que les cheveux plats sont des cheveux vigoureux. Le cheveu offre une section ronde; il n'est donc pas droit, mais il a la disposition en vrille que prend la tige d'une plante grimpante. Or, on ne trouve jamais de cheveux crépus, comme caractère distinctif de la race, dans les zones froides, où précisément une chevelure vigoureuse est nécessaire. Réciproquement on ne trouve de cheveux plats comme caractères distinctifs de la race, que dans les régions tempérées et, plus encore, dans les zones froides. Seule la race américaine, avec ses cheveux plats, fait exception. Mais la débilité corporelle de ses tribus méridionales et leur peu de résistance aux maladies des tropiques montrent que nous n'avons pas affaire à une race primitivement tropicale. Pour ce qui regarde la forme du crâne (têtes allongées, têtes rondes, etc.) et la hauteur de la taille, des savants estimés comme Ranke, Kollmann, etc., ont émis l'idée que les races représentent les phases successives que chaque individu traverse au cours de son évolution. L'enfant présente une taille peu élevée, une tête courte et ronde ou à tout le moins des tendances en ce sens. Avec l'âge ces caractères disparaissent de plus en plus. Il en serait de même pour les races.

De quelque manière que l'on apprécie ces

différences entre les races, il est un fait qui ne saurait être négligé. C'est que les races ne forment pas des groupes fermés et que sépareraient de larges fossés.

Les différentes races finissent par se rejoindre les unes les autres, grâce à toute une série de dégradations à peine perceptibles souvent, et qui s'observent non pas dans une seule direction mais dans plusieurs. D'où l'existence d'une bonne douzaine de divisions de races, proposée par Blumenbach, Geoffroy Saint-Hilaire, de Quatrefages, Cuvier, Prichard, Virey, Agassiz, Retzius, Broca, Welker, Huxley, Aeby, Topinard, Fr. Müller, Kollmann et d'autres, sans qu'il soit possible d'arriver à une entente. N'est-ce pas la preuve frappante qu'il ne s'agit pas en cette affaire de ces différences radicales qui fondent la diversité des espèces, mais de ces différences susceptibles d'être réduites les unes aux autres qui constituent les races diverses au sein d'une même espèce, et qui convergent toutes vers un centre originel commun (1).

(1) Sur la situation des différentes races par rapport à la civilisation et sur l'équivalence de leurs aptitudes, voir Fr. Boas, *The Mind of primitive Man*, New-York, 1911. T.

B. — *L'unité originelle du langage.*

L'unité d'origine corporelle de l'humanité véritable implique déjà l'unité originelle de son évolution spirituelle. Car il est impossible d'admettre que l'homme véritable ait mené une vie purement physique pendant un temps donné, au cours duquel il se serait dispersé en différents centres, si bien que chacun de ces centres aurait donné naissance isolément à un développement spirituel tout à fait indépendant. Dès son apparition, l'homme véritable se trouvait pourvu d'aptitudes spirituelles qu'il se mit à exercer sans retard. Et avec le premier exercice de ces facultés, son évolution spirituelle commença.

L'instrument essentiel de l'évolution spirituelle est le langage, sans lequel la conservation et le développement des richesses acquises se trouveraient pareillement impossibles. Peut-on prouver l'unité originelle de cette multitude déconcertante d'idiomes dont nous constatons aujourd'hui l'existence? Le temps n'est pas encore très éloigné où l'on niait souvent et de façon catégorique cette possibilité, et où l'on proclamait le caractère autochthone des langues particulières et des groupes de langues. C'est ainsi, par exemple, qu'un linguiste, par ailleurs très méritant mais imbu de préjugés matérialistes, comme Fr. Müller, dans son ouvrage fondamental : *Grundriss der Sprachwissenschaft* (Vienne, 1876-1888), insistait avec complaisance, pour le plus grand nombre de langues possible, sur cette « diversité radicale », qui imposait pour chacune d'elles l'hypothèse d'une origine indépendante. Mais, au cours des vingt dernières années, les recherches linguistiques, avec un remarquable ensemble, ont ruiné les unes après les autres ces autonomies prétendues. C'est ce qui est arrivé, par exemple, pour les langues soudanaises de l'Afrique occidentale, pour les langues Munda de l'Inde, pour la langue Khasi, pour les langues Mon-Khmer, pour la langue Nicobar en Indo-Chine, etc. Toutes ces langues ont été incorporées à de vastes ensembles linguistiques, et le temps approche où personne n'osera plus risquer de pronostics du genre de ceux que Fr. Müller émettait avec tant de confiance.

Les linguistes contemporains les plus en vue, Kern, Reinisch, Schuchardt, Codrington, etc., sont unanimes à reconnaître que la diversité actuelle des langues ne saurait constituer une objection de principe contre l'hypothèse de leur unité originelle. Et cette hypothèse de l'unité originelle des langues, ils la regardent même comme la plus vraisemblable au point de vue purement scientifique, étant donné l'accord de toutes les langues par rapport à l'ensemble des facteurs fonctionnels qui régissent leur structure intime. Toutefois, les recherches linguistiques ne sont pas encore assez avancées pour qu'on puisse dès maintenant établir, de façon positive et détaillée, l'unité d'origine de toutes les langues (1). Les essais tentés dans ce sens, celui de Trombetti par exemple, sont pour le moment condamnés à un échec cer-

(1) Le professeur Uhlenbeck, de Leyde, s'exprime en ces termes : « Dans les langues les mieux connues, nous observons partout une origine primitive unique. Ensuite, plus nous étudions, plus nous découvrons des parentés nouvelles, et on ne peut indiquer nulle différence spécifique entre l'évolution des langues relativement peu connues du monde nouveau et du monde ancien. En conséquence, la persuasion d'une origine commune primitive des langues s'impose à moi irrésistiblement. Mais je ne peux pas la prouver positivement, à cause de la pénurie des matériaux, surtout pour les anciennes langues américaines et océaniennes. » Cité par le R. P. J. Van Ginneken, S. J., *Semaine d'ethnologie religieuse : Compte rendu de la 1re Session*, Paris, Beauchesne, 1913, p. 76. T.

tain, et ne peuvent que discréditer la cause qu'ils prétendent servir. Une linguistique vraiment scientifique doit s'attacher au préalable à réunir les langues particulières en groupes d'abord restreints, puis plus considérables, auxquels viendront s'incorporer, à mesure que les recherches s'étendront, de nouvelles et toujours plus nombreuses et plus vastes unités.

C'est ainsi que la linguistique a déjà réussi à découvrir toute une série de connexions reliant entre elles des langues qui appartiennent à diverses parties du monde. Elle a reconnu l'existence du groupe linguistique indo-européen, qui s'étend de l'Irlande, à l'extrême nord, à travers l'Europe entière, jusque dans l'Inde; du groupe hamito-sémitique, qui couvre les vastes territoires du sud-ouest asiatique, du nord-est et du nord de l'Afrique; du groupe austrien qui, partant du centre de l'Asie, s'étend, à travers l'Indo-Chine, sur toutes les îles du monde indonésien et océanien. En Afrique, la linguistique s'apprête à rattacher les langues bantoues aux langues soudanaises, et à établir ainsi le fait très remarquable de l'unité linguistique de toute une race, de l'ensemble des peuples qui constituent la race nègre

18.

africaine. En Asie, les langues coréenne et japonaise ont été incorporées au groupe des langues ouro-altaïques, et des ponts commencent à être jetés sur le fossé qui séparait jusqu'ici les langues ouro-altaïques des langues indo-européennes, et ces dernières des langues hamito-sémitiques. Dans l'Amérique du Sud, les langues caribe et arawak s'étendent d'une part vers le sud, très avant dans l'intérieur du continent, et vers le nord d'autre part, à travers les Antilles jusqu'en Floride. Dans l'Amérique du Nord, le groupe des langues Déné ou Athapasca occupe le territoire qui s'étend de Mexico jusqu'au rivage de la mer polaire et, là, l'unité des langues parlées par les Esquimaux et des langues aléoutiennes et autres idiomes du nord de la Sibérie établit la liaison entre le Nouveau Monde et l'Ancien.

A la vérité, en face de ces vastes ensembles subsistent toujours un certain nombre de langues réfractaires à tout groupement. Elles occupent des territoires peu étendus, par exemple en Nouvelle-Guinée, dans les mers d'Océanie, et sur la côte nord-ouest de l'Amérique. Mais il importe de tenir compte de ce fait, dont l'importance est considérable, que ce n'est point chez les peuples primitifs que la diversité des langues s'observe sous sa forme la plus accentuée. On constate cette diversité surtout chez des peuples sédentaires et adonnés à l'agriculture, principalement lorsqu'ils se trouvent isolés les uns des autres par des chaînes de montagnes infranchissables, par des côtes d'un accès difficile ou par d'autres causes du même genre. Au contraire, les peuples les plus primitifs, qui en sont toujours au régime de la chasse et de la simple cueillette, présentent des affinités linguistiques très marquées. C'est ainsi que l'unité essentielle des langues parlées par les tribus tasmaniennes, aujourd'hui éteintes, par les différentes tribus de Bochimans dans l'Afrique du sud et par les divers groupes de Pygmées des îles Andaman, dans l'océan Indien, est manifeste. Et comme la vie sédentaire et la pratique de l'agriculture représentent certainement des formes culturelles postérieures par rapport au régime de la chasse et de la simple cueillette, nous avons là un indice très net du caractère pareillement secondaire et de la tardive apparition de ce fractionnement des langues que nous voyons lié avec elles (1).

La diversité subsistante des langues ne saurait donc aucunement être alléguée comme preuve contre l'hypothèse de leur unité originelle. Par contre, la linguistique nourrit l'espérance fondée, si les recherches qu'elle poursuit continuent de progresser comme elles l'ont fait jusqu'ici, de pouvoir, dans un temps plus ou moins rapproché, fournir la preuve positive de cette unité d'origine. Il serait seulement à désirer que des savants plus nombreux consacrent leur activité à la tâche si féconde qui s'offre à eux dans ce domaine. Sur beaucoup de points, des matériaux abondants sont déjà rassemblés. Il ne manque plus que de bons ouvriers pour les mettre en œuvre. Il est regrettable que tandis que dans le domaine des langues classiques on gaspille en bagatelles pas mal de temps et de forces, tandis que les études de linguistique sémitique et indo-européenne elles-mêmes montrent, sur un grand nombre de points, des

____

(1) On lira avec profit, dans *Semaine d'ethnologie religieuse : Compte rendu*, etc., le résumé de deux conférences du P. VAN GINNEKEN sur les *Faits linguistiques et la science des religions*, auquel est jointe une bibliographie succincte (*op. cit.*, pp. 73-92). T.

signes évidents de sénescence et de stagnation, les travailleurs continuent de se présenter si peu nombreux pour les autres régions du vaste domaine linguistique. Un philosophe bien connu, W. Wundt, a suffisamment montré dans l'ensemble, malgré beaucoup de méprises de détail, au cours de la première partie de sa récente « Völkerpsychologie », qu'il appartient précisément à la linguistique comparée de dire le dernier mot sur un certain nombre de problèmes importants de philosophie et surtout de psychologie. Les conclusions qu'il tire de faits purement linguistiques, semblent nous faire pénétrer jusque dans l'intime nature des phénomènes psychologiques et, par suite, paraissent susceptibles de nous révéler le secret de ce qu'il y a de plus profond et de plus caché dans les énergies psychiques. L'introduction de ce nouveau facteur serait particulièrement précieuse au moment où la psychophysiologie, dont les premiers débuts avaient suscité des espérances si démesurées, se voit contrainte de s'arrêter sur des points essentiels.

C. — *L'unité d'évolution culturelle.*
Conceptions élémentaires et cycles culturels.

L'ethnologie a pour objet l'origine et l'évolution de la civilisation tant matérielle que spirituelle. En ce qui regarde cette science, ses plus récents développements tendent eux aussi à établir, de façon toujours plus expresse et plus catégorique, l'unité originelle de la civilisation humaine.

Il y a peu de temps encore, l'ethnologie se contentait de l'idée d'une unité d'origine pour ainsi dire potentielle. Elle se trouvait alors sous la domination de la théorie de Bastian dite des « conceptions élémentaires » (Elementargedanken). Bastian insistait extrêmement sur la similitude des dispositions psychiques fondamentales chez toutes les races humaines. Sous l'action d'excitations semblables venues de l'extérieur, de cette puissance partout la même peut sortir un effet lui aussi toujours identique. Par conséquent une découverte quelconque dans le domaine de la civilisation matérielle, des moyens de subsistance, des armes, de l'habitation, de l'obtention du feu peut avoir été faite, de la même façon exactement, sur tous les points de la terre. De même, une institution sociale, le matriarcat, par exemple, ou l'achat des femmes, etc., peut avoir pris naissance, de façon indépendante, dans les régions les plus diverses. De même encore, des idées morales et religieuses, des motifs et des ensembles mythologiques ont parfaitement pu se constituer, sous la même forme exactement et de façon autonome, chez les peuples les plus divers. Bastian incline même à considérer l'origine multiple des créations culturelles particulières comme le cas le plus habituel. Dans cette théorie, l'unité de la civilisation est affirmée, non pas tant par rapport à la forme de la civilisation que par rapport à son principe et à son fondement, la psychè humaine. Ce qui est un, c'est cette psychè elle-même plutôt que la civilisation qui en est sortie.

La théorie nouvelle dite des cycles culturels va plus loin. Elle admet positivement l'unité originelle de la civilisation elle-même et de ses premiers commencements. Ratzel, par son hypothèse des « migrations », a frayé la voie à cette théorie. Frobenius en a donné une première expression encore tâtonnante. Enfin Graebner et Ankermann, auxquels s'est joint W. Foy, l'ont formulée de façon plus consciente et plus systématique. Moi-même j'ai fait sans retard acte d'adhésion à la théorie nouvelle (1). D'après cette théorie, la plus ancienne humanité, et dans le lieu même de son origine, aurait développé les premiers éléments de sa civilisation matérielle et spirituelle, qu'elle aurait ensuite emportés avec elle au cours de ses migrations dans les différentes parties du monde. De nouvelles créations de ces éléments culturels primitifs seraient dès lors devenues impossibles, parce que superflues. Comme lieu d'origine et point de départ de cette civilisation, l'Australie et l'Amérique doivent certainement être écartées. Il en est de même très probablement de l'Afrique et, semble-t-il, de l'Europe. Seule l'Asie

(1) Le R. P. W. Schmidt a exposé cette théorie et la méthode qui s'y rattache, dans plusieurs articles de la *Revue des Sciences philosophiques et théologiques*, Paris, Gabalda, dont voici les titres : *Voies nouvelles en Science comparée des religions et en Sociologie comparée* (V, 1911, pp. 46-74); *Phases principales de l'histoire de l'ethnologie* (VII, 1913, pp. 26-45); *La méthode de l'ethnologie* (VII, 1913, pp. 218-244). Cfr. *Die kulturhistorische Methode in der Ethnologie*, dans *Anthropos*, VI (1911), pp. 1010-1036; F. Graebner, *Methode der Ethnologie*, Heidelberg, Winter, 1911. T.

paraît convenir (1). C'est d'Asie encore, vraisemblablement, que partirent, à intervalles indéterminés, ces migrations nouvelles qui, après la diffusion de la civilisation primitive dans les différentes parties du globe, y portèrent successivement les civilisations, chaque fois plus élevées, qui pouvaient s'être constituées entre-temps à leur point de départ asiatique. Chacune de ces nouvelles civilisations représentait non pas des objets et des conceptions isolés, sans liaison les uns avec les autres, mais un ensemble culturel complet, embrassant toutes les parties de la civilisation, tant matérielle que spirituelle. Elles n'étaient pas autre chose en effet que les copies de la phase culturelle où la civilisation asiatique était alors arrivée, et cette phase culturelle elle-même embrassait naturellement tous les éléments dont se compose une civilisation : outils, régime économique, art, sociologie, religion, mythologie, morale.

On se rendra compte sans peine que la nouvelle théorie des cycles culturels fait res-

(1) J. DE MORGAN développe des vues, sinon identiques, du moins analogues à propos de la civilisation paléolithique et de toutes les grandes phases de l'évolution humaine (*Les premières civilisations*, Paris, Leroux, 1909, pp. 114 ss.). T.

sortir, avec beaucoup plus de force et de netteté, l'unité d'origine spirituelle de la civilisation humaine. Dans le détail, ou bien elle s'accorde positivement avec le récit biblique, ou bien elle se meut dans la même sphère d'idées que lui. Ce qui nous intéresse plus particulièrement dans cette étude, ce sont les phases culturelles les plus anciennes, et, dans ces phases elles-mêmes, leurs éléments religieux et moraux. Mais nous ne pourrions que répéter ici ce que nous avons dit plus haut, lorsque nous avons traité ce sujet.

Il nous suffira donc d'y renvoyer le lecteur. L'exposé que nous en avons donné alors, représente précisément, dans son ensemble, la synthèse des résultats obtenus jusqu'ici au cours des recherches qui se sont inspirées principalement des principes et des méthodes de la nouvelle théorie des cycles culturels.

C'est donc, cette fois encore, l'état tout à fait récent et les derniers progrès de la science profane qui nous mettent sur la voie de cette unité originelle de toute l'évolution religieuse de l'humanité entière que nous enseigne la Sainte Écriture. Quelle que soit la satisfaction que puisse nous causer cette orientation favorable de l'ethnologie moderne, nous ne devons pas perdre de vue qu'elle ne représente encore que l'aiguillage initial et la première impulsion dans une direction nouvelle. Pour affermir cette orientation et l'acheminer sûrement vers le terme où elle tend, en prévenant toute déviation et en assurant constamment sa marche, beaucoup de travail est nécessaire. Il serait grandement à souhaiter que les savants catholiques apportent en grand nombre leur concours actif à l'œuvre commencée. Ici encore des tâches s'offrent aux bonnes volontés, dont l'importance est extrême et l'intérêt très étendu. Il ne s'agit de rien de moins que de reconstruire, sur de nouvelles bases et presque à neuf, la science comparée des religions et la sociologie comparée, pour ne parler que d'elles.

III

LA DÉCADENCE DE LA RELIGION PRIMITIVE.

Comment l'héritage sacré laissé par nos premiers parents à leurs descendants alla se dissipant de plus en plus, comment la religion primitive, très simple à la vérité, mais intimement constituée d'éléments élevés et purs, se trouva progressivement recouverte et finalement étouffée par la végétation touffue d'un paganisme aux mille formes, comment ce paganisme sous ses formes diverses se répandit à travers le monde : sur tous ces points la suite de l'histoire biblique ne nous dit rien de précis. Elle nous apprend seulement que l'éloignement de Dieu, l'impiété, firent parmi les peuples de tels progrès que Dieu se vit contraint de choisir une famille unique pour lui confier le précieux trésor de la vraie religion, de l'affermir de plus en plus dans la fidélité au culte véritable, et de faire sortir d'elle un peuple absolument nouveau, qu'il confirma par de nouvelles révélations dans la connaissance et dans le culte du vrai Dieu.

Mais ce que le récit biblique ne nous apprend pas, il appartient à la science comparée des religions de nous le faire connaître. Il est dans son rôle et dans ses moyens de nous retracer l'histoire de cette décadence, que rien ne put enrayer, de la vraie religion, et de nous faire assister à la dilapidation continue du patrimoine primitif et divin, décadence et dilapidation infiniment tristes sans doute mais salutaires en fin de compte pour l'humanité et, si l'on peut dire, nécessaires. Il s'agit donc bien d'une évolution, mais analogue à celle que constitue la décomposition progressive d'un organisme vivant. Comment, dans le détail, s'est déroulée cette histoire, nous ne sommes pas encore en état de le pouvoir préciser. Les vieilles conceptions évolutionnistes en matière d'histoire des religions commencent seulement à s'écrouler, et le temps n'est pas encore venu d'édifier à leur place de nouvelles constructions de tous points achevées. Ce qui est certain dès maintenant, c'est qu'il faut restreindre le rôle de ces grands facteurs, à l'action desquels les théories anciennes en matière d'histoire des religions attribuaient tout l'essentiel de l'évolution religieuse. Je veux parler de l'animisme, du mânisme et du magisme. Et ce n'est pas seulement par rapport à l'âge primitif que leur influence prétendue doit être réduite. Même l'évolution postérieure de la religion ne s'est pas accomplie sous leur domination exclusive, au degré du moins où le prétendent les anciennes théories.

A. — *Animisme, mânisme, magisme.*

Issu de la tendance plus ancienne à tout personnifier, l'animisme est entré en scène, non
pas tout d'abord comme un facteur proprement
religieux, mais comme une conception intellectuelle, comme une mentalité générale. A partir
d'un certain point de l'évolution, cette mentalité a exercé sa domination sur l'intelligence humaine et lui a fait attribuer un esprit à tous les
êtres naturels, pour peu qu'ils parussent aptes
à en posséder un. Dès le principe, ce courant
de pensée constitua toutefois un péril pour la
vraie religion et le culte de l'Être suprême.
Peu à peu il attira à soi leur caractère religieux, en attribuant aux esprits un pouvoir
exclusif sur les êtres soumis à leur influence.
Par cette voie, l'homme se trouva conduit à
essayer de capter la faveur des esprits par
toutes sortes d'actes de culte. Et bientôt il en
vint à croire qu'il pouvait se passer de l'Être
suprême. Mais cette conception intellectuelle
générale ou cette mentalité qu'est l'animisme en
lui-même se trouvait soumise à une infinité
d'influences individuelles et locales essentielle-

ment variables, avec lesquelles il lui fallait se mettre en harmonie. Aussi ne réussit-elle jamais à se traduire en systèmes religieux uniformes et stables, puissants et doués d'une vraie force d'expansion (1).

Ce que nous venons de dire de l'animisme s'applique pareillement au mânisme. Le mânisme, ou culte des ancêtres, se trouvait soumis lui aussi, du moins aux premiers stades de son évolution, à de perpétuelles variations, à raison de ce fait que les ancêtres eux-mêmes qu'il s'appliquait à honorer, variaient avec chaque individu et chaque famille particulière. D'ailleurs ce n'était pas non plus, par son origine, un mouvement d'essence religieuse, mais la simple extension par delà la tombe du sentiment familial. Cependant, par le moyen des ancêtres, on liait avec l'au-delà un commerce plus intime. Ce commerce on le pouvait entretenir plus facilement et avec plus de chances de succès que les relations avec l'Être suprême, plus élevé et plus distant aussi. Si bien que peu à peu, l'attention et le culte se

(1) Sur l'animisme, on peut lire la conférence de M. A. Bros : *L'animisme de Tylor et de Spencer* (*Semaine d'ethnologie religieuse : Compte rendu*, etc., pp. 98-98 ; résumé). La bibliographie annexée faciliterait, le cas échéant, une étude plus détaillée. T.

concentrèrent sur les ancêtres, à partir du moment surtout où l'usage antérieur de déposer des aliments sur la tombe des défunts, usage dans lequel on n'avait vu tout d'abord qu'un témoignage de piété filiale, prit le caractère de sacrifice, probablement en se combinant avec le sacrifice de prémices qui s'offrait à l'Être suprême.

Le magisme, c'est-à-dire la pratique de la magie, remonte certainement très haut dans l'évolution de l'humanité. Il se pourrait que, par l'une de ses racines à tout le moins, il ait été dès le principe d'essence antireligieuse. Tel est certainement le cas de cette magie qui se donne dès l'abord pour but de se procurer accès, même contre la volonté de Dieu, jusqu'aux forces secrètes de la nature. Il est même permis de se demander si l'invite tentatrice du serpent à conquérir la science du bien et du mal ne contenait pas déjà le germe de cette plante vénéneuse. Elle commença à pousser des rameaux touffus lorsque apparut l'agriculture. Le cultivateur voyait, en effet, dans la magie un moyen d'exercer une influence sur la pluie, et qui le dispensait de recourir à l'Être suprême. Mais la magie pouvait aussi sortir de la religion elle-même. Il suffisait que les paroles et les actes religieux, spécialement les formules de prière et les rites, se trouvassent peu à peu vidés de leur contenu et coupés de leur vivante relation à l'Être suprême, et que finalement les pures formules matérielles ou les simples rites extérieurs prétendissent opérer par eux-mêmes l'effet désiré. Pas plus cependant que l'animisme et le mânisme, la magie, avec ses milliers de pratiques et de recettes diverses, ne pouvait donner naissance à des systèmes religieux stables, uniformes et capables de conquérir par leur force de propagande des territoires de plus en plus étendus (1).

A les prendre en eux-mêmes, ces trois facteurs sont donc inaptes à créer des formes religieuses nettement déterminées et vraiment systématisées. En revanche, ils sont très aptes, à raison même de leur flexibilité sans limites, à s'introduire partout. On pourrait les comparer à la mauvaise herbe qui trouve

(1) Le R. P. Fr. Bouvier, S. J., a publié sur la magie et le magisme, dans les *Recherches de science religieuse*, Paris, Beauchesne, deux articles avec bibliographie, dont la lecture est à recommander (*Recherches* etc., III (1912), pp. 395-427; IV (1913), pp. 109-147). T.

moyen de pousser en tout lieu, à d'exubérantes végétations parasites qui recouvrent peu à peu et finalement étouffent l'arbre de la vraie religion. Ceci n'exclut pas la possibilité que, dans certaines contrées, l'un ou l'autre de ces trois éléments ait pris des développements tout à fait spéciaux. C'est ainsi que la Chine, de nombreuses régions du monde nègre de l'Afrique du sud, l'Australie centrale et la Polynésie nous offrent un culte des ancêtres extrêmement développé. L'animisme de même est poussé fort loin chez les peuples de l'Indonésie et chez les tribus indiennes de l'Amérique du Sud. Le péril de cette végétation luxuriante, prise en elle-même, pour la vraie religion consiste moins dans la substitution d'une nouvelle forme religieuse que dans le lent épuisement et dans le dépérissement final auxquels elle la condamne. Son action est comparable à celle que les plantes parasites exercent au détriment de l'arbre dont elles captent la sève.

B. — *La mythologie astrale.*

Il en va tout autrement pour un autre facteur auquel la nouvelle méthode d'histoire culturelle s'est trouvée amenée, au cours de ses recherches, à attribuer plus d'importance qu'on ne lui en avait accordé jusqu'ici (1). Je veux parler des astres du firmament et tout spécialement des deux plus grands d'entre eux, la lune et le soleil. Ce sont là des objets qui apparaissent, de façon absolument identique, sur de vastes étendues de territoire à tous les peuples qui y habitent. Il est clair que dès que l'attention respectueuse qu'on leur accordait eut commencé de revêtir un caractère religieux, des conceptions et des formes cultuelles semblables apparurent du même coup, qui intéressaient également toute une vaste région et ses nombreux habitants. Par ce côté déjà, ce mouvement d'idées s'adapte plus facilement et plus étroitement au culte de l'Être suprême, qui, à l'origine, était absolument le même pour tous les peuples ou du moins pour un grand nombre d'entre eux, et dont la souveraineté englobait pareillement de vastes régions. Cette attention prêtée aux astres par l'homme n'avait pas dès le début un caractère religieux. Nous

(1) Cfr. W. Schmidt, *Mythologie astrale* dans *Semaine d'ethnologie religieuse : Compte rendu*, etc., pp. 99-116, et les indications bibliographiques qui suivent. T.

en avons à présent la preuve. Mais cet intérêt multiforme que l'homme prenait aux astres et principalement aux deux plus grands d'entre eux, la lune et le soleil, est certainement très ancien.

a) La mythologie lunaire.

D'après les recherches effectuées par la mythologie lunaire comparée, c'est la lune, avec la riche variété de ses phases, qui semble avoir attiré tout spécialement l'attention des antiques générations. Le soleil, dont l'aspect demeure invariable, semble, du moins à l'origine, n'avoir pas excité le même intérêt. L'importance marquée du soleil date de l'apparition de la culture des jardins et des champs, pour lesquels il était le dispensateur de la fécondité. Ce n'est pas ici le lieu d'étudier les formes extrêmement variées sous lesquelles se présente la mythologie lunaire et solaire. Nous n'avons à nous en occuper que pour autant qu'elles intéressent l'évolution de la religion, et plus spécialement par rapport à l'époque où elles commencèrent à exercer une influence en ce sens et à porter atteinte à l'ancienne religion véritable.

Il y a trop peu de temps encore que l'on étudie ces questions pour qu'on puisse prétendre y voir dès maintenant tout à fait clair. Et même le peu que nous savons est encore loin d'être exhaustif sur les points auxquels il se rapporte, concluant à tous égards, et définitif.

Presque partout, chez les peuples appartenant à la couche la plus ancienne (Pygmées, Australiens du sud-est), l'Être suprême est conçu comme un dieu du ciel, dont souvent l'on raconte cependant qu'il vivait jadis sur la terre parmi les hommes. En quoi consiste au juste sa relation avec le ciel et quel est exactement ce ciel dont il est question, il est bien rare qu'on s'explique clairement là-dessus. Le ciel où réside l'Être suprême, est tantôt situé au-dessus du ciel matériel et visible, tantôt aussi c'est ce ciel lui-même. Même dans le cas où la mythologie astrale n'a exercé aucune influence appréciable sur la manière de concevoir l'Être suprême, ce dernier n'en tend pas moins, dans la suite de l'évolution, à s'identifier plus ou moins avec le ciel matériel, si bien qu'il devient souvent difficile de les distinguer l'un de l'autre. C'est ce que l'on constate chez les Chinois proprement dits, chez les peuples ouro-altaïques, chez les premiers habitants de la Chine et de l'Indo-Chine (Lolos, Chans, Birmans), chez les Coréens et chez beaucoup de peuples hamitiques d'Afrique, Masaï, Watutsi, etc.

Des deux grandes mythologies astrales, il semble que ce soit la mythologie lunaire qui, la première, ait introduit des perturbations dans la conception et dans le culte de l'ancien Être suprême. Par quelle voie a-t-elle réussi à y faire brèche, c'est ce que nous ne sommes pas encore en état de discerner clairement et surtout de façon générale. Pour ce qui est des peuples austronésiens je crois l'avoir découvert, et j'ai de fortes raisons de penser que chez les peuples indo-européens le processus de désagrégation a suivi essentiellement la même marche. Chez les premiers nous pouvons maintenant encore nous rendre compte qu'à l'origine l'Être suprême et la mythologie lunaire étaient des choses tout à fait distinctes et séparées. Mais de très bonne heure, les phases changeantes de la lune, sa croissance et sa décroissance, furent utilisées pour traduire, de façon sensible et matérielle, par le moyen d'un parallélisme mythique entre elles et l'humanité, les destinées de chaque homme et celles surtout du premier homme. De la sorte les phases successives de la vie humaine : naissance, vie et mort, se pouvaient lire au ciel même. Telle paraît avoir été la forme la plus ancienne de la mythologie lunaire. Elle ne possédait alors de caractère proprement religieux que pour autant que le premier homme avait été créé par l'Être suprême. C'est précisément sur ce point que la mythologie lunaire fit brèche dans la religion et par cette voie qu'elle s'introduisit dans le cœur même de la place. On commença à insister sur le fait que l'homme est mortel et parfois même on alla jusqu'à voir dans cette mortalité le caractère distinctif de son être. La « lune obscure », c'est-à-dire la lune décroissante, de la pleine lune à la nouvelle lune, devint de façon plus ou moins exclusive le symbole de cet homme mortel. Et comme primitivement l'on croyait que l'homme avait été créé par l'Être suprême, par l'antique Dieu du ciel, à la période de la « lune brillante », c'est-à-dire à la période de la lune croissante, on en vint peu à peu à combiner et à identifier l'Être suprême lui-même avec la lune brillante. C'est uniquement de cette façon qu'on peut s'expliquer l'emploi de la racine *div*, briller, dans le nom du plus ancien dieu du ciel des peuples indo-européens : *Dyaus-pitar*, *Jupiter*, *Tyr*, etc., lequel semble plonger déjà dans la mythologie lunaire.

Dans la suite de l'évolution, les deux phases principales de la lune furent interprétées comme des frères jumeaux. La lune brillante fut alors identifiée avec le dieu du ciel, tandis que la lune obscure devenait le frère du dieu du ciel, le dieu de la terre et des eaux, le dieu de la végétation terrestre et de la fécondité. Longtemps encore on s'abstint d'attribuer une femme au dieu du ciel. Presque partout, au contraire, le dieu de la terre se présente sous une double forme, masculine et féminine, qui tantôt sont frère et sœur et tantôt mari et femme. La déesse de la terre est toujours aussi la déesse de la fécondité. La mythologie lunaire ne permet pas d'expliquer l'origine de ce dédoublement. Dans l'ancienne mythologie lunaire austronésienne un être humain seulement est créé immédiatement par l'Être suprême, c'est-à-dire formé par lui de l'argile, et cet être humain est un homme. On ne voit pas du tout d'où vient la femme. Aussi bien cette mythologie lunaire manifeste-t-elle un éloignement très marqué pour les choses sexuelles et n'en vient-elle à raconter la première union sexuelle de l'homme et de la femme qu'après toutes sortes de surprenants détours.

b) La mythologie solaire.

En ce qui concerne la première apparition de la mythologie solaire et ses premières prises de contact avec la religion, nous voyons beaucoup moins clair encore que dans le cas de la mythologie lunaire. Cela tient sans doute à ce que la mythologie solaire peut exploiter trois thèmes distincts, qui semblent n'avoir pas tous attiré également l'attention dans chaque peuple. Il y a d'abord le thème du « jour », constitué par la révolution quotidienne du soleil. Il y a ensuite le thème de « l'année », constitué par sa révolution annuelle. Il y a enfin le thème du « mois », constitué par le rapport entre le lever et le coucher du soleil, et le lever et le coucher de la lune, qui change au cours du mois lunaire.

Le premier, qui paraît cependant le plus obvie, à savoir la révolution quotidienne du soleil, n'est pas partout le plus ancien. En Austronésie, c'est même le plus récent de tous. Dans le domaine indo-européen, les dieux solaires, Surya, Helios, etc., ne jouent tout d'abord aucun rôle important. En Babylonie, Mardouk n'apparaît que tardivement. En Égypte seulement, Râ occupe de très bonne heure une place de premier plan. Quant à l'entrée de la mythologie solaire dans la sphère proprement religieuse, elle semble s'être souvent effectuée dans une étroite dépendance de ce fait qu'à l'époque où l'on croyait en un pur Être suprême, le soleil était souvent regardé comme son œil ou comme sa demeure. On en vint par cette voie à identifier l'Être suprême avec le soleil. Le premier et principal attribut du dieu, dans cette forme spéciale de mythologie solaire, est la radieuse lumière qu'il fait jaillir à nouveau chaque matin. Souvent l'on exalte, à sa louange, sa jeunesse toujours nouvelle, que l'on oppose à la vieillesse et à l'affaiblissement de l'Être suprême. Son œuvre principale est la création du monde qu'il tire du ventre ténébreux du

dragon : ainsi en est-il pour le Mardouk babylonien. De même le monde, chaque matin,
sort du sein obscur de la nuit. En dehors des
régions déjà mentionnées, on trouve cette
forme spéciale de mythologie solaire chez les
tribus totémistes du sud-est australien, chez
les Quichuas de l'Amérique du Sud avec leurs
princes Incas, chez les Mayas de l'Amérique
centrale, chez un grand nombre de tribus du
nord-ouest du Mexique (Zûnis).

Le troisième thème solaire est de tous le
plus rare. Il a été développé par quelques tribus austronésiennes chez lesquelles il se trouve
lié au deuxième thème solaire. La lune est
alors, à côté de la terre, la seconde épouse du
soleil. Elle est fécondée par le soleil à chaque
nouvelle lune. Les étoiles sont ses enfants.
Dans le sud-est de l'Australie, cette forme de
la mythologie solaire se combine avec la dernière forme de la mythologie lunaire, où le
dieu du ciel et le dieu de la terre se font face
en qualité de frères. Le soleil prend la place
du dieu du ciel et de la lune brillante et il
entre en lutte avec le dieu de la terre, l'ancien dieu de la lune obscure, pour la possession des (deux) femmes de ce dernier, qui re-

présentent les deux autres moitiés obscures de la lune.

Il semble presque que ce soit le deuxième thème solaire, le thème de la révolution annuelle du soleil, qui est le plus ancien, ou du moins celui de tous qui s'est développé le plus tôt et de la façon la plus intense. L'ancienne mythologie lunaire s'était introduite dans la religion, sans mauvais desseins bien conscients et plutôt par suite d'une croissante incompréhension et d'un obscurcissement toujours plus marqué de la foi primitive. Et c'est pour cela qu'elle a conservé presque partout, et souvent à un degré relativement élevé, quelque chose de l'ancienne pureté de la religion du dieu du ciel. Il semble au contraire que cette forme spéciale de mythologie solaire ait eu conscience très tôt d'être en opposition avec le culte de l'ancien dieu suprême du ciel et qu'elle l'ait positivement déclaré. Son entrée dans la sphère religieuse doit avoir été, dès l'origine, empreinte d'hostilité. Dans cette forme de mythologie, le soleil apparaît en premier lieu comme le grand dispensateur de la fertilité et ensuite de la croissance, de la fécondité sous toutes leurs formes. Une fois l'an, au printemps, — cette mythologie est donc née dans une région de la terre où se fait sentir l'alternance des saisons, — le soleil féconde la terre, qui est son épouse. La fécondité humaine est mise également en rapport avec lui. C'est ce qui explique que cette fécondation de la terre par le soleil s'accompagne souvent de rites phalliques et que, de façon générale, l'élément sexuel joue un rôle prépondérant chez les peuples adonnés à cette mythologie.

Précisément chez ces peuples se rencontrent aussi les formes diverses de la circoncision, qui, à l'origine, n'avait vraisemblablement pas d'autre rôle que de faciliter la fécondation. Chez les Israélites, où elle ne fut introduite que plus tard, la signification originelle de la circoncision fut neutralisée par sa transformation en signe d'alliance.

C'est aussi chez ces peuples que le totémisme a pris les plus grands développements. Si l'on réfléchit à cette connexion, il semble que se soulève le voile qui continue de couvrir l'origine mystérieuse du totémisme. Nous avons affaire, selon toute apparence, à une conception du monde qui, par tous les moyens possibles, entend pénétrer, d'elle-même et dans une complète indépendance de l'Être suprême, les secrets de la nature, se soumettre les forces cachées qu'elle recèle et les utiliser à son profit. Le totémisme semble n'être rien d'autre à l'origine qu'une tentative d'entrer en rapport de parenté avec les animaux et les plantes, en vue de s'approprier leurs énergies et aptitudes, ou de s'assurer leur protection.

A côté du dieu solaire vient se placer, dans cette mythologie, un dieu de la tempête, qui parfois même se confond avec lui. Il s'agit d'un dieu des giboulées printanières, qui préparent et accompagnent l'éclosion nouvelle de la vie. Tel est, dans la mythologie de l'Inde, Indra, auquel il faut complètement assimiler Wotan, dans la mythologie germanique, comme l'a montré L. von Schroeder.

Au cours de l'évolution postérieure, le dieu solaire devient aussi un dieu du ciel. Mais il reste néanmoins l'époux de la terre, considérée elle-même comme la mère de tout ce qui naît et que le ciel féconde en qualité de père. Cette nouvelle mythologie du ciel, avec les rapports d'époux à épouse qu'elle établit entre le ciel

et la terre, doit être distinguée de la mythologie où le ciel et la terre sont frère et sœur.
Dans ce dernier cas, il s'agit de l'antique dieu
du ciel qui a pris un caractère lunaire, et de
l'ancien dieu lunaire de la terre.

Cette nouvelle mythologie du ciel se rencontre, quelque peu hésitante et alternant avec
la mythologie solaire, chez l'ensemble des
tribus nègres du Soudan. On la trouve aussi,
mais à une phase antérieure de l'évolution,
chez les Bantous, qui leur sont apparentés. On
l'observe enfin dans certaines régions de l'Indonésie, où vivent des populations mélangées
d'éléments papous. Il est encore impossible
de dire si cette mythologie du ciel est issue
purement et simplement de la mythologie solaire qui l'a précédée, ou bien si la proximité
de territoires demeurés fidèles à l'antique
mythologie du ciel n'a pas exercé une influence sur son apparition. Pour deux des
régions qui viennent d'être indiquées, cette
dernière hypothèse paraît beaucoup plus vraisemblable. La mythologie du ciel, telle que
la possèdent les Hamites, semble avoir exercé
une action sur les Nègres, et la mythologie
du ciel, de caractère lunaire, que nous trou-

vons chez les Austronésiens proprement dits, aurait influencé les régions papou-austronésiennes.

Outre le soleil et la lune, l'étoile du matin et du soir, les Pléiades avec Orion, Sirius, sont entrés de bonne heure dans la mythologie. Mais au point de vue religieux, elles n'ont pas joué un rôle comparable à celui des deux grands astres. Quant aux autres planètes, elles n'ont commencé à attirer l'attention qu'à une époque toute récente.

Au sein des grands systèmes religieux issus de la mythologie astrale, les trois facteurs dont nous parlions en commençant, l'animisme, le mânisme, le magisme, pouvaient s'introduire et donner naissance à une grande variété de formes nouvelles. Mais l'étude de ces formes nous entraînerait trop loin, et d'ailleurs ne relève pas de la tâche que nous avons assumée dans ce travail.

C. — *Les religions nationales.*

Entre temps, en beaucoup d'endroits de la terre, les tribus primitives s'étaient agglomérées en nations, et leurs religions s'étaient transformées en une religion nationale, évolution dont l'accompagnement le plus frappant était la multiplication des prêtres et la fréquente divinisation des princes. Une autre conséquence de la nationalisation, c'est que l'on cessa peu à peu de comprendre les éléments provenant de la mythologie astrale, si bien que les personnalités divines prirent l'aspect de créations autochthones. La nation nouvelle arrivait-elle à subjuguer un certain nombre de peuples étrangers, sa religion propre se combinait avec celles des peuples asservis. Il était rare que ces religions fussent complètement abolies. Leurs dieux se subordonnaient simplement à ceux de la nation conquérante. Souvent les plus considérables d'entre eux se voyaient systématiquement rabaissés par le moyen de mythes diffamatoires, que l'on créait alors de toutes pièces ou que l'on transformait en vue du but à atteindre. Pour introduire un peu d'ordre et de cohérence dans cette multitude toujours croissante de personnalités divines, souvent tout à fait hétérogènes, des généalogies et des familles divines étaient construites, à cette phase de l'évolution, par les prêtres généralement, et dans lesquelles on faisait entrer de gré ou de force les dieux particuliers. Chaque peuple se trouvait ainsi pourvu d'un panthéon, avec, au sommet, un roi des dieux, qui, dans certains cas, représentait ce qui restait de l'antique Être suprême. Tel est vraisemblablement le cas d'Anou chez les Assyro-Babyloniens, et de Jupiter chez les Italiotes et les Grecs. Ailleurs, l'ancien Être suprême a été complètement relégué à l'arrière-plan. Ainsi en est-il de Ziu, Tyr, chez les Germains; de Dyauspitar et, plus tard, de Varuna dans l'Inde.

Ces cas, où nous voyons l'Être suprême identifié avec de nouveaux dieux, ou bien relégué au second plan, ou même complètement oublié, sont de beaucoup les plus fréquents dans l'évolution religieuse de l'humanité. Le développement de la civilisation extérieure, dont les progrès souvent semblent suivre une marche parallèle, quoiqu'en sens inverse, à celle de la décadence religieuse, non seulement s'avère impuissant à arrêter cette déchéance continue, mais fait au contraire l'impression de la favoriser ou même de la provoquer. L'activité « terrestre » absorbe de plus en plus le temps et les forces de l'homme; les résultats obtenus accroissent son orgueil et le sentiment qu'il a de sa valeur, ils l'amollissent et le matérialisent. Avec la diversification toujours plus marquée des conditions, apparaissent, pesant lourdement sur les uns, la servitude et l'esclavage dégradants, tandis qu'entre les mains des autres s'organise la tyrannie brutale. La dignité de la femme s'avilit par la polygamie, le droit de l'enfant se trouve sacrifié par le relâchement du lien familial.

IV

L'ÉLECTION D'ISRAEL.

Cependant l'ancien culte du grand dieu du ciel, et la manière de vivre, plus simple et plus pure, qui se rattachait étroitement à ce culte, persévéraient, jusqu'à un certain point, chez deux sortes de peuples.

Ils se conservaient tout d'abord chez ces tribus que la marche de l'évolution avait de très bonne heure isolées de la masse principale des peuples et qu'elle avait reléguées dans des régions lointaines et fermées, où elles avaient gardé une forme plus ancienne de civilisation. De façon générale, ce sont les peuples demeurés à la phase de la chasse et de la simple cueillette. Comme représentant cette catégorie de peuples, nous pouvons citer les différentes tribus de Pygmées, les Tasmaniens, les tribus du sud-est australien, les Aïnos, qui sont les premiers habitants du Japon, et peut-être quelques tribus primitives de l'Amérique du Sud. Ces tribus, reléguées à l'écart, n'ont exercé aucune influence sur l'histoire de l'humanité. L'on dirait presque qu'elles n'ont été conservées si longtemps que pour se dresser aujourd'hui, peuples enfants, pauvres et naïfs, devant l'Europe infatuée de sa science et de sa civilisation et prête à rejeter loin d'elle toute religion. Témoins frustes et simples, mais d'autant plus persuasifs de cette haute et pure religion, qu'à l'origine, le genre humain avait reçue en héritage et qui devait être son viatique précieux tout le long de sa route millénaire.

La seconde catégorie de peuples présente certaines analogies avec la première. Eux aussi, ces peuples sont des nomades errants. Mais ils ne sont plus pauvres et besogneux comme ceux de la première catégorie. Ils possèdent au contraire d'immenses troupeaux, à la suite desquels ils parcourent de vastes étendues de pays. De même qu'ils veillent d'ordinaire jalousement sur la pureté de leur sang, de même ils conservent, avec un attachement très marqué, l'ancienne manière de vivre, les antiques conceptions et coutumes. C'est ainsi qu'ils sont demeurés fidèles à la vieille foi des peuples en un Maître souverain du ciel. Ils vivent eux aussi à l'écart du mouvement d'évolution culturelle qui s'accomplit dans les centres de vie sédentaire, dans les villes issues de villages de cultivateurs. Mais cet isolement, il est voulu de leur part et ils en sont fiers. Ils n'ont pas été refoulés par force. Au contraire, il y a en eux une force explosive d'expansion, qui éclate périodiquement. Ils deviennent alors la terreur des populations agricoles et des habitants amollis des villes, sur le territoire desquels ils se répandent à la manière d'une inondation. Ils renversent des empires entiers et en fondent de nouveaux à la place, où ils fournissent les dynasties royales et l'aristocratie héréditaire. Ainsi nous apparaissent, dans l'Asie orientale, les Mongols, les Mandchous, les Tatares; dans l'Asie occidentale, les peuples sémitiques

20.

du désert et dans le nord-est de l'Afrique, les Hamites qui leur sont apparentés. La vaste zone désertique, austère et fière solitude, qui s'étend, presque sans discontinuité, tout au travers des deux continents africain et asiatique, est la patrie de ces nobles peuples.

C'est au milieu d'eux que Dieu se choisit un peuple, les Israélites, dont il fit le vase d'élection dans lequel il verserait une nouvelle et précieuse révélation, qu'il se proposait de répandre ensuite sur toutes les nations. Au centre de l'histoire universelle, entre les pays où fleurissaient les deux plus hautes civilisations de ce temps, le pays de l'Euphrate et celui du Nil, il plaça ce peuple, pour qu'il bénéficiât du rayonnement de ces deux civilisations et qu'il pût en retour projeter plus facilement sur elles sa propre lumière, incomparablement plus éclatante. De l'un de ces centres de civilisation, le pays de l'Euphrate, il appelle Abraham, premier ancêtre d'Israël. Il envoie Jacob, troisième ancêtre d'Israël, au pays du Nil, dans le deuxième de ces centres de civilisation. Puis, le peuple israélite s'étant développé entre temps, il le ramène au désert, qui était sa patrie primitive, pour que, pareil au géant

Antée, il y renouvelât sa force dans un étroit contact avec le sol natal. Au Sinaï, l'antique Dieu du ciel, parmi les éclairs et les tonnerres, grave sa loi dans le cœur d'Israël. Une nouvelle période de révélations surnaturelles s'ouvre.

TABLE DES MATIÈRES

	Pages.
Avant-propos	V
Introduction	IX

Chapitre premier. — **Nature, contenu, étendue de la révélation primitive** ... 1-68

I. — Nature de la révélation primitive ... 1-7
II. — Les révélations du premier chapitre de la Genèse ... 7-16
III. — Les révélations du second chapitre de la Genèse ... 17-63
    A. Fondation de la famille ... 17-31
    B. Forme de la révélation ... 31-35
    C. Dieu comme législateur et comme fin surnaturelle ... 35-51
    D. Dieu comme juge et comme rédempteur. 51-63
IV. — Conclusions : étendue de la révélation primitive ... 63-68

Chapitre deuxième. — **Possibilité de la révélation primitive considérée du côté de l'homme. Aptitudes corporelles et spirituelles des hommes les plus anciens.** 69-210

I. — Sources ... 69-83
    A. Les données de la Sainte Écriture comme source surnaturelle ... 69-73
    B. La préhistoire, l'anthropologie et l'ethnologie comme sources naturelles ... 73-83
II. — Origine du corps humain ... 83-145
    A. Exposé et critique des théories modernes. 83-120

Pages.

B. Les données de la Sainte Ecriture sur l'origine du corps humain 120-145
III. — Origine de l'âme humaine. Condition spirituelle du premier homme.................... 145-210
  A. Les données de la préhistoire............ 147-154
  B. Les données de l'ethnologie.............. 154-189
  a) Caractéristiques générales.............. 154-162
  b) Morale 162-166
  c) Religion 167-189
    1. Théories sur l'origine de la religion... 167-181
    2. La religion des peuples les plus anciens................................. 181-189
  C. Les données de la Sainte Ecriture........ 189-210
  a) La génialité d'Adam.................... 191-199
  b) L'origine du langage.................. 199-210

Chapitre troisième. — **La réalité historique de la révélation primitive**................ 211-301

I. — Preuve ethnologique générale.............. 211-236
  A. Preuve tirée de l'état religieux des peuples primitifs 214.218
  B. Preuve tirée de l'organisation sociale des peuples primitifs 218-229
  C. Preuve tirée de l'état économique des peuples primitifs 229-236
II. — Preuve spéciale tirée de l'histoire des religions... 237-301
  A. Contre l'Ecole de Wellhausen 237-240
  B. Contre les attaques des assyriologistes (Delitzsch, etc.)............................... 240-272
  a) L'ancienneté du récit du paradis....... 240-255
  b) Les parallèles assyro-babyloniens au récit du paradis........................ 256-266
  c) Les contradictions apparentes du récit de la Genèse (Gressmann)................ 266-272
  C. Contre l'Ecole folkloriste et mythologique (Gunkel)................................. 272-289
  D. L'importance des peuples hamitiques pour l'histoire des religions 290-301

Pages.

Chapitre quatrième. — **Ce que devint la révélation primitive après la chute**....... 302-355

— Adam et Ève, comme ancêtres du genre humain 302-308
II. — L'unité du genre humain 308-327
  A. L'unité d'origine corporelle.............. 310-313
  B. L'unité originelle du langage............ 314-321
  C. L'unité d'évolution culturelle. Conceptions élémentaires et cycles culturels........... 322-327
III. — La décadence de la religion primitive.... 327-351
  A. Animisme, mànisme, magisme.......... 330-334
  B. La mythologie astrale.................. 334-348
    a) La mythologie lunaire............... 336 341
    b) La mythologie solaire.............. 341-348
  C. Les religions nationales 348-351
IV. — L'élection d'Israël.................... 531-355

TYPOGRAPHIE FIRMIN-DIDOT ET Cⁱᵉ. — PARIS.